天與人的對話
科學源自哲學

金字塔、占星術、二十四節氣……天文學與哲學的交織
構建出令人嘆為觀止的古代高科技

目錄

前言

前言

　　每個到過北京的人都應該去過故宮吧？你去過了嗎？感悟到什麼了？如果你是帶著孩子去，或者與朋友們一道去，特別是有異性朋友一起時，你不想「炫耀」一下自己，讓他們知道你是「上知天文，下知地理」的嗎？OK，這本書裡我們為你準備了「吹牛」的素材。

　　現在旅遊是常態。我想問，埃及你去過嗎？金字塔看了嗎？去看看吧，欣賞金字塔的偉大就和你逛故宮讚嘆老祖宗的「本事」一樣，是值得去做的事情。我們鼓動你去紫禁城、去看金字塔，是讓你體會兩個文明古國自古至今的「天人感悟」、「天人合一」的理念和思維，他們已經滲透到歷史和社會的各方面，你不能不知道！

　　說到「天人感悟」，最簡單的事例就是我們每天的時間表達了。我曾經問過學生們一個問題：原始人最早確立的時間單位是「年、月、日」中的哪個？對，你答對了，是「日」。因為太陽升起落下、天空一明一暗，太明顯的規律。我們的祖先當然「感悟」到了「老天爺」的意思。好，接著感悟⋯⋯由月圓月缺確定了「月」；由春夏秋冬的冷暖變化確定了「年」。不斷地觀測確認他們的變化規律，這就有了天文學。科學就是規律、就是人類去熟悉和掌握的大自然和社會的規律和法則。

　　「天人合一」這詞肯定會讓你想到「占星術」、「星相學」等，他們沒分別，都來自於「上天」，然後經過地面上的人去「詮釋」天上的現象的所謂含義。比如，東方國家的占星術就是把全天分為「三垣四象二十八星宿」，紫薇垣代表皇宮，太微垣代表國家機構，天市垣代表市場和天下各地；四象和二十八星宿具體代表「天下的分野」。也就是說，天上的每顆星星都被「詮釋」了，出了什麼「星象」你去對照什麼解釋，這就是占星術。西方國家的「星相學」更是把「天」、把「天文學」作為一種「詮釋」人的思維和行為的工具。比如，黃道十二星座分區，天文學的分區和星相學的分區完全不同，星相學是平均分區的，這樣才能方便把人的性格十二等分。

　　這裡為你介紹占星術、星相學，目的就是讓你知道他們的來龍去脈。你知道了，就能夠明白他們應該發揮什麼作用了。娛樂、開闊視野、拓展知識面、多一些「吹牛」聊天的素材，隨便你了，反正不要相信他們能左右你的人生就行！相信的話，你可就真的慘啦！

第1章
與天對話是人類永恆的主題

　　說到天與人之間的關係腦海中突然冒出了一個與天文學無關，而且還有點荒唐的事情。前幾年有一個新聞，北京的「天上人間」是一個被某些人寓意為享樂的地方，那裡的經營者在科學知識上完全可以稱之為「科盲」，但當他們為自己的娛樂場所起名字時第一個想到的就是「天上（人間）」、就是「天人合一」想借老天爺的「光」。可見「上天」、「老天爺」、「以天為鑑」一直是人類發展和存在的主題。

　　稱之為「天上」、「上天」，這是一種多麼純真、嚮往的崇拜呀；「老天爺」，尊敬、依賴、多麼樸素而又萬能的身分展現；「以天為鑑」說明人類的生存、演化一直是在仰頭看天，以期待上蒼的指引的。尤其是文明並不發達的年代。

1.1 遠古人類以天為鑑

1.1.1 埃及大金字塔有一條法老的通天之路

世界上很多著名的建築物都是「天象的倒映」。

人類歷史上最宏偉、最壯觀的建築物（群）應該首推埃及的大金字塔！（圖 1.1）一般人看到它們可能想到的是勞工工作的辛苦，進一步又奇怪那些巨石是怎樣被運輸和堆砌起來的？而歷史學家想到的是金字塔為什麼是這樣的造型和結構，建造它們的價值和意義何在？我們要說的是，金字塔的建造和存在所展現出來的是埃及文明、它的天文學意義以及古埃及人「天人合一」的思想。

圖 1.1 埃及大金字塔

古埃及人的死亡觀

《金字塔銘文》（Pyramid Text）中有這樣的話：「天空把自己的光芒伸向你，以便你可以去到天上，猶如『拉』的眼睛一樣。」

古埃及文明的開始有一個與盤古開天闢地的神話相似的傳說：在遙遠的史前文明時期，天地一片混沌。創世之神「拉」（Rah）—— 古埃及的太陽神，他決定開闢一個世界。「拉」創造了「舒」（Shu），一個空間之神，然後讓「舒」去開天闢地，並把「舒」新開闢的世界命名為「mood」。「拉」將一片乾涸大地改造為適合人類生存的土壤。從此，埃及文明拉開了序幕。

英國博物館埃及部前任負責人愛德華博士仔細研究了埃及文中「pyramid」（金字塔）一詞，認為其中字母「m」代表的意思是「地方」或「工具」，而字母「r」的意思是「升天」。也就是說金字塔內在的、更隱祕的、更深層的含義就是「登天之所」。此外，古埃及神話中將通往天堂的塵界之門稱作「羅塞托」，而這一地點已被證實就是吉薩（Giza）。

「升天」、「登天之所」這些和法老們建造金字塔有關嗎？

這是古代埃及人的「死亡觀」所決定的，他們十分注重對死亡的認識，有一本歷史文獻就叫《亡靈書》（Book of the Dead）。《亡靈書》的基本思想是靈魂並不隨同肉體一起死亡。按古埃及人的觀念，人生在世死後升天，主要依靠兩

大要素：一是看得見的人體「木乃伊」；二是看不見的靈魂「巴」。靈魂的形狀是長著人頭、人手的鳥。人死後，「巴」可以自由飛離屍體。但屍體仍是「巴」依存的基礎。為此，要為亡者舉行一系列名目繁多的複雜儀式，使他的各個器官重新發揮作用，使木乃伊能夠復活，繼續在來世生活。而亡者在來世生活，需要有堅固的居住地。古王國時的金字塔和中王國、新王國時期在山坡挖掘的墓室，都是亡靈永久生活的住地。

古埃及人認為，現世是短暫的，來世才是永恆的。這就是在埃及我們所看到的，到處都是陵墓和廟堂，而找不到古代村落遺址的緣故。同時古埃及人認為今世的歡樂是極為短暫的，死後的極樂世界才是他們的終極追求，那麼如何才能順利到達來世的幸福王國呢？首要的就是妥善地保存屍體，即將屍體製成木乃伊，然後再正確指引他們升入天堂。這種死亡觀無疑很好地解釋了埃及金字塔和木乃伊存在的原因。此外，法老將墳墓建成角錐體的形式（即如今金字塔的形式）又是因為古埃及人的一種觀念：國王死後要成為神，他的靈魂要升天，而金字塔就是他們通往天堂的天梯。《金字塔銘文》中也這樣記述道：「為他（法老）建造起上天的天梯，以便他可由此上到天上。」這很好地證明了這觀點。同時，角錐體金字塔形式又表示對太陽神的崇拜，因為古代埃及太陽神「拉」的標誌是太陽光芒。金字塔象徵的就是刺向青天的

太陽光芒。就像《金字塔銘文》中的這段話：「天空把自己的光芒伸向你，以便你可以去到天上，猶如拉的眼睛一樣。」後來古代埃及人對方尖碑的崇拜也存有這個含義，因為方尖碑也表示太陽的光芒。

　　「外星派」也對「登天之所」或「升天之地」做出了他們的解釋，認為金字塔是宇宙飛船的發射塔，「天上」即意味著外星球。但這種解釋缺乏科學的嚴謹性。如果我們將「未來說（類似佛教中的輪迴）」引用於此，那麼據此所得出的結論就顯得合理得多：我們完全可以將「升入」理解為「轉世復活」；把「天上」解釋為未來世界。而「拉」又是古埃及神話中的太陽神。據考證，他的兒子雷吉德夫（Radjedef）和卡夫拉（Khafra）是擁有「太陽神拉之子」這一稱號的最早的國王，這暗示著胡夫（Khufu）已成為拉。古埃及人相信，法老透過金字塔，死而復生就能進入另外一個世界。金字塔又被稱作「巨大的眼睛」，因此「猶如拉的眼睛一樣」即暗示了胡夫在復活之後將能夠目睹未來世界。那麼金字塔也就是幫助尚處於遠古的人（特指胡夫）在遙遠的未來世界中復活的「讓人休眠千萬年的場所」。此外，在晚於吉薩古建築群的很多金字塔的內牆上都雕刻著有關死亡和來世的古埃及神話和宗教禮儀的經文，也很好地說明了這點。

如何找到「通天之路」

我們不關心古埃及人如何保存屍體製作木乃伊，我們關心的是他們是怎樣找到法老的登天之路的。

在埃及，死神歐西里斯（Osiris）掌管著出生、在世、死亡、復活這一偉大的輪迴，而天上的獵戶座就是他居住的地方，把法老（國王）送到那裡，就能讓歐西里斯神陪他完成這一輪迴。歐西里斯神最小的妹妹同時也是他妻子的性愛女神伊希斯死後化為了天狼星，而大金字塔中王后墓室引出的一條通道就是指向天狼星的。

1993 年，一個叫做羅伯特·波法爾（Robert Bauval）的比利時土木工程師發現了天空和吉薩金字塔之間引人注目的神祕關聯：吉薩三大金字塔相對位置與獵戶座的三顆腰帶星精確對應（圖 1.2），甚至三星的亮度對應於三座金字塔的高度。胡夫大金字塔恰好對應著參宿一，卡夫拉第二金字塔則與參宿二相對應，而門卡烏拉（Menkaure）第三金字塔對應的是參宿三。它們的位置，相對於另外兩個金字塔（構成獵戶的兩個肩膀）來說，要偏東一點。這正好構成了一幅極其完整的獵戶星座構圖。同時，沿著它們排列的方向，還能很容易地找到天狼星。

圖 1.2 吉薩三大金字塔對應獵戶座三顆腰帶星

圖 1.2 由北向南視角：吉薩三大金字塔對應獵戶座三顆腰帶星，圖中左上方為參宿四，左下方為天狼星。尋找天狼星最簡易和常用的方法是透過獵戶座的三顆腰帶星。

大金字塔內部通道有這樣的天文學含義：金字塔內四條主要通道分別正對天狼星、獵戶座、天龍座 α 和小熊座 β（圖1.3）。消除了歲差的影響，指向天狼星和獵戶座的通道在金字塔建造的年代是精確定位天狼星和獵戶座的。另外兩個通道指向了當時年代的北極星 —— 天龍座 α 和與歲差修正相關的小熊座 β。也就是天龍座 α 是古埃及人當時認定的北極星，而小熊座 β 在所有亮星中最靠近地軸歲差運動的軸心所指向的北天極。尋找天狼星的最簡易的方法就是透過獵戶座的三顆腰帶星，把它們的連線指向左下，看到的最亮的星就是天狼星。指向天狼星和獵戶座的通道在整個路徑上是筆直的（圖

1.4)，而指向天龍座 α 和小熊座 β 的通道在整個路徑上存在彎曲，彎曲意味著兩顆星的位置需要經過計算（以後觀測的人們需要扣除歲差的影響）。

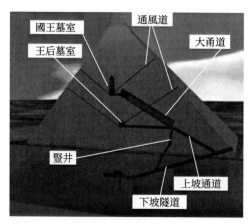

圖 1.3 吉薩大金字塔內部結構圖

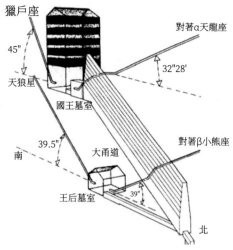

圖 1.4 吉薩大金字塔內部通道指向圖

　　古埃及未形成現今星座的概念。現代星座是由古巴比倫人提出的，大多由古希臘傳統星座演化而來，並且由當今國際天文學聯合會（IAU）正式定名為 88 星座。天狼星是大犬座第一亮星。一般認為大金字塔落成於距今四千多年前。但是在數千年的歷史長河中，獵戶座三顆腰帶星的相對位置幾乎沒有改變，參宿一、參宿二和參宿三完全可以作為尋找天狼星的標誌。

　　天狼星是與胡夫大金字塔相關的少數幾顆恆星之一。埃及人有獨立的天狼星曆，並將天狼星記入曆書。天狼星曆和曆書對指示尼羅河氾濫和指導農業運作造成了必要的作用。

　　在埃及有一本西元前 421 年，內容詳細的曆書。這本曆書以天狼星升起（初顯為 7 月 19 日）為準，它採用了一種稱為天狼星週期的曆法概念。所謂天狼星週期，亦即天狼星再次和太陽在同樣的地方升起的週期；在固定的季節中，天狼星自天空中消失，然後在太陽升空天亮以前，再次從東方的天空中升起。從時間上計算，若將小數點的尾數除去，這個週期則為 365.25 日。

　　同時，在古埃及的曆法中，特地將天狼星比太陽早升空的那天，定為元旦日。而此前，在赫里奧波里斯（Heliopolis），這個金字塔經文的撰寫地，古埃及人早已計算出元旦日的來臨。在金字塔經文中，天狼星被命名為：新年之名（Her name of the new year）。

在金字塔銘文中曾經反覆提到「永遠的生命」，法老王如果經過再生，從而成為獵戶星座的一顆明星後，便獲得永生，鮮明地表達了再生的意願：「噢，王喲。你是偉大的明星，獵戶星座中的夥伴……從東方的天空中，你升了起來，在恰當的季節獲得新生，在恰當的時機獲得重生……」這樣看來，獵戶星座代表了法老重生的正確地點；而天狼星（偕日升）代表了法老重生的正確時間。

大金字塔存在著許多和太陽、地球有關的「天文學神祕數字」：

(1) 大金字塔的高度（現代測量值為 146.6 公尺）乘以 10 億，其乘積近似於地球到太陽之間的距離，即 1.495 億公里；

(2) 大金字塔塔基（正方形）的邊長，如用古埃及的丈量單位埃耳計為 365,342 埃耳，其值和公曆年一年的天數剛好一致；

(3) 大金字塔的塔基周長除以 2 倍的塔高，其值近似於著名的圓周率；

(4) 穿過大金字塔的一條子午線將地球上的海洋和陸地分為對等的兩半。

此外，大金字塔內部的直角三角形廳室，各邊之比為 3：4：5，展現了勾股定理的數值。而其總重量約為 6,000 萬噸，如果乘以 10 的 15 次方，正好是地球的重量。

這些都是為了「烘托」大金字塔的天文學價值嗎？

金字塔的真正價值

金字塔的附近建有一個雕著卡夫拉（Khafra）的頭部而配著獅子身體的大雕像，即獅身人面像（圖1.5）。除獅身是用石塊砌成之外，整個獅身人面像是在一塊巨大的天然岩石上鑿成的。它至今已有4,500多年的歷史。獅身人面像總是面朝正東方，即日月星辰升起的地方。在古埃及語中「金字塔」和「地平線」使用的是同一個詞。

圖1.5 獅身人面像

為什麼刻成獅身呢？在古埃及神話裡，獅子乃是各種神

祕地方的守護者，也是地下世界大門的守護者。因為法老死後要成為太陽神，所以就造了一個獅身人面像為法老守護門戶。第四王朝以後，其他法老雖然建造了許多金字塔，但規模和品質都不能和上述金字塔相比。第六王朝以後，隨著古王國的分裂和法老權力下降以及埃及人民的反抗和有些盜墓者，常把法老的「木乃伊」從金字塔裡拖出來，所以埃及的法老們也就不再建造金字塔，而是在深山裡開鑿祕密陵墓了（帝王谷）。

另一方面，研究人員發現獅身人面像的目光總是彙集於一點，永遠注視著東邊的海平面，這一點正是當時年代的太陽在春分這天從海平面升起的地方。透過電腦模擬天象發現在大約西元前一萬年前，太陽與獅子座升上天空，而獅身人面像正好處於其旋轉週期中距離地球最近的一點上（春分點），春分的星座改作獅子座的那一段時間，當太陽造訪吉薩高地的獅身人面像時，也是獅身人面像能夠面對自己的星座的唯一時間。

在世界各地古人們建造了許多具有天文學象徵意義的金字塔。比如墨西哥的「日月金字塔」可以指示春分點的方向。埃爾塔欣（El Tajin）金字塔又叫神龕金字塔（圖 1.6）。塔基呈方形，每邊長約 27 公尺，高約 18 公尺，共為 6 層，最上層已經毀損。金字塔正面有一條寬大的階梯通至塔頂。金字塔各層被布置得像樓房的走廊，上面是寬厚的飛檐，下面是

凹進去的神龕，飛檐突出在凹進去的神龕上，產生出不可思議的明暗對比效果。各層神龕的總數是 365 個。365 這個數字是太陽曆中一年的天數，據推斷，神龕金字塔具有祭祀和曆法意義。

圖 1.6 神龕金字塔

1.1.2 天之影像四方五行合一的紫禁城

古語曰：「方位自天，禮序從人。」

《左傳·昭公二十五年》裡這樣寫道：「禮，上下之紀，天地之經緯也，民之所以生也……」

禮，在漢文化中凝聚了傳統和現實；禮，深含著人們對宇宙天地的敬畏。禮，是對德性的追尋，對和諧的追求，對

人本身的期望和寬容，以及對美好生活的期待，對審美情趣的重視和培養，以及對社會秩序的協調，禮包含了人生能夠遇到的一切問題的制度化或習俗化準則，即《左傳·隱公十一年》所謂：「禮，經國家，定社稷，序民人，利後嗣者也。」

而最初的「禮」何來？我們的祖先告訴我們：從上天得來。

《易經》裡有這樣一句話：「觀乎天文，以察時變。」《易·繫辭傳》裡寫道：「仰以觀於天文，俯以察於地理，是故知幽明之故。」天文一詞最早就出現於《易經》。那天文一詞是什麼意思呢？《淮南子·天文訓》稱：「文者象也。」也就是說，在古代，人們已清楚地知道，天文就是天象，即天空的現象。天空所發生的現象，可以分為兩大類：一類是關於日月星辰的現象，即天象；一類是地球大氣層內所發生的現象，即氣象。古人發現天象也好、氣象也罷，它們的變化實在是極其微妙的，很值得地上的人們，尤其是社會和科技還不發達的古人們去效仿、去學習！所以，它們觀察星象和氣象，用於生產，用於立法。古代的執法者們更是利用「天象」來治理社會。

地上的銀河和北

紫禁城——帝王的宮殿，皇帝生活和工作的地方，當然要最大限度地展現出「上天」的意向，所以把玉皇大帝天上

的宮殿（天宮）「投射」到地上來，就是皇宮、就是紫禁城。紫，三垣正中之紫薇垣之紫，也就是「紫垣正中」之紫，意為皇宮就是人間的「正中」。「禁」則指皇室所居，尊嚴無比，嚴禁侵擾。

　　看看紫禁城太和殿的構造，太和殿廣場兩邊的圍廊綿延如「天邊」，把天際線壓得很低，太和殿純高雖然只有 35.05 公尺，但它聳立在三層漢白玉石階上，讓人仰視，背襯藍天白雲，宛若天宮（圖 1.7）。

圖 1.7 在周邊建築的映襯下太和殿宛若「天宮」

　　按照中國古代的天象理論，天上有五宮（東西南北中），中宮居於中間，而中宮又分為三垣（城堡），即上垣太微、中垣紫薇、下垣天市。東西南北則由青龍、白虎、朱雀和玄武構成了「護衛」中宮的二十八星宿（圖 1.8）。

23

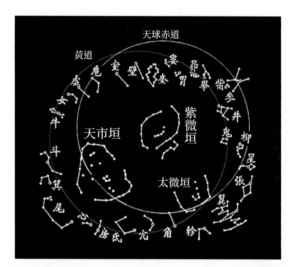

圖 1.8 紫禁城猶如天上的「中宮」，由二十八星宿護衛

　　從紫禁城的布局來看，宮城分前朝、後寢兩大部分，前朝分三大殿，為皇帝聽政和舉行朝會大典之處，後寢二宮是皇帝燕寢之處。

　　紫薇垣牆由 15 顆星組成，東邊八顆星和西邊七顆星圍成了一個城垣，整體位於北斗七星的北方，處在天的中心（圖1.9），正是天皇大帝居住的地方。

　　而故宮建造的殿宇中也展現了「北斗七星」的存在。故宮的午門有四座角樓，它們都是四角攢尖的造型，攢尖頂著一個大圓球（圖 1.10），圓球就代表了一顆星。這種結構分別存在於中和殿、交泰殿和欽安殿。這樣四座角樓和三座大殿尖頂的圓球就組成了北斗七星的形狀（圖 1.11）。

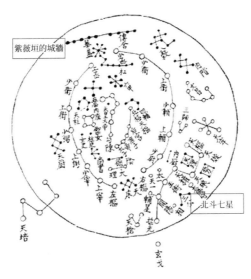

圖 1.9 紫薇垣於由 15 顆星組成的圍牆之中，在北斗七星上方

圖 1.10 午門的四個角樓

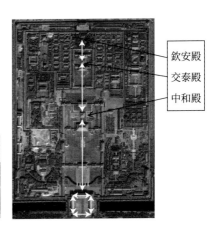

圖 1.11 故宮中的北斗七星

　　有「天宮」紫禁城，則必有「天河（銀河）」金水河。流經紫禁城的金水河，從什剎海引水自北水關入城，先北上，復東折而南，總體入城走勢由西北而東南。紫禁城內的金水河之水從護城河西北角引入，曲曲彎彎地流經武英殿、大和殿、文淵閣、南三所、東化門等重要建築和宮門前，既將「生氣」導入，又形成風水學中的「水抱」之勢（圖 1.12）。

負陰抱陽

背山面河

圖 1.12 山水相環，陰陽和諧

　　內金水河則從太和殿正中流過，尤其襯托出了「銀河」中的「天宮」（圖 1.13）。

　　而太和殿對面的午門所形成的北斗七星的「斗」，更是在銀河中燦燦閃耀（圖 1.14）。

圖 1.13 銀河環抱的太和殿天宮

圖 1.14 銀河倒映下的午門，北閃耀

皇家城府裡的陰陽五行

　　中華文明的哲學思想就是陰陽之道，陰陽相交。《易經》說，「立天之道曰陰與陽」。看紫禁城的總體布局，它的中軸

線也把北京城分成東西（陰陽）兩半，中軸以東屬陽，主春、生、文、仁，故有文樓、文華殿、萬春亭、仁祥門、崇文門等建築；以西屬陰，主秋、收、武、義，故有武樓、武英殿、千秋亭、遵義門、玄武門等建築。而且國家中央官署機構也是以中軸為準按陰陽布置的，中軸以東設吏、戶、禮、兵、工部及鴻臚寺、欽天監等機構，主文屬陽，以西設中、左、右、前、後五軍都督府、刑部、太常寺、錦衣衛等機構，主武屬陰。明清兩代考中文狀元在長安左門揭皇榜，考中武狀元則在長安右門揭皇榜。

　　過午門、神武門一條中軸線又將宮城分為東西陰陽二區。東方是太陽升起的地方，為陽、為木、為春，在「生、長、化、收、藏」屬生，所以宮城的東部布置了「陽」有關的建築內容。東部某些宮殿是太子所居，文華殿是太子講學之處，乾隆年間所建的南三所，系皇太子的宮室。西方為陰、為金、為秋，在「生、長、化、收、藏」屬收，所以宮城的西部布置了與「陰」有關的建築內容。如皇后、宮妃居住的壽安宮、壽康宮、慈寧宮都布置在西。東居太子，西棲宮妃，男左女右，陽左陰右。皇城東有太廟法陽象天，西設社稷壇法陰象地。天壇在南（屬陽），地壇在北（屬陰）；天安門在南（屬陽），地安門在北（屬陰）；乾清宮在南（屬陽），坤寧宮在北（屬陰）。乾為天，坤為地，故天尊地卑。朝堂之上，文臣列於左，武將位於右，與此相應的文華殿位於左，武英

殿位於右。太和殿丹陛上左陳日晷以司天,右置嘉量以司地
(圖 1.15),前者定天文曆法,後者定製度量衡,皆左主天道
屬陽,右主道地屬陰,陰陽相合而成一體。古代建築大師就
是這樣把陰陽宇宙觀與宗法禮治巧妙地結合起來,規劃設計
了氣勢磅礡的皇宮建築群。

(a)   (b)

圖 1.15 太和殿廣場上的 (a) 日晷 (b) 嘉量

紫禁城由水、火、木、金、土五大元素組成,從方位的
角度來看,紫禁城的東、南、西、北、中五方位由建築的名
稱、色彩及河水來暗示。北方有一座建築名玄武門,清代康
熙時為避諱改名神武門,二者的意思完全相同。在神武門內
有二座建築(東大房和西大房)它們的房頂均為黑色。紫禁城
的南方為午門,火的顏色為紅色,故午門以紅色為主,建築

高大，以為火旺。午門內的五座石橋，其雕刻為火焰狀。紫禁城的西方有金水河和武英殿，武英殿之「武」屬陰。紫禁城的東方為太子宮所在地文華殿，故太子宮文華殿和太子居住的南三所的屋頂均用綠色瓦。紫禁城的中央有兩大建築群體即前朝後廷，前朝是太和殿、中和殿和保和殿，後廷是乾清宮、交泰殿和坤寧宮。這兩大建築群體建在象徵「土」的「土字形玉石臺基」上以表示其中央的地位（圖 1.16）。中央在五行上屬土，土的顏色為黃色，黃色是五行中最尊貴的顏色，亦是宇宙的顏色，故這兩大建築群體屋頂均用黃瓦，表示帝王理政的前朝和燕寢的後廷是天下的中心，至尊至大，意味著帝王是「以土德而王」。

北京城的總體設計在遵循《周禮》「前朝後市、左祖右社」的傳統布局思想外，也按照陰陽五行的思想進行了實用禮儀的布置，以期達到與天地相融的境地。

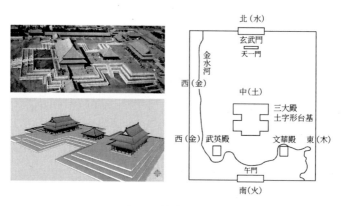

圖 1.16 故宮三大殿

天壇、地壇、日壇、月壇，就是按照方位來布局的。天壇是天子祭天的地方，位置在北京城的南端，外城的裡側，建築形狀是圓的，展現了南為天、為乾、為圓、為陽的思想；地壇是天子祭地的地方，它位置在北方，內城的外側，它的建築形狀是方形的，展現了北方為地、為坤、為方、為陰的思想；日壇在東方，日為陽、為火，月壇在西方，為水、為陰，它們的位置都在城外（圖 1.17）。

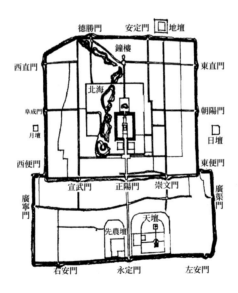

圖 1.17 北京城的陰陽五行

北京城、紫禁城是中國本土文化的產物，它是以「天人合一」的思維建造的城市，是中國傳統文化的精髓，展現的是宇宙、天地、人文與建築融為一體。

1.2 天文學是天地人和諧的產物

　　人類的記憶模式中，有一類叫做「情景記憶」，看到什麼特定的場景或事物，大腦中才會產生與之一致的記憶。科學的發展許多也是如此，我們所說的「天人合一」不就可以說是——看到天，想到地，再想到人嗎？

　　天文學取得的許多成就，過程也是如此。就我們下面要具體談到的事例而言，哥白尼（Nicolaus Copernicus）最初的想法不就是感覺天空、宇宙是那麼的偉大浩瀚，不可能它的構成會像托勒密（Claudius Ptolemaeus）的「地心說」那麼瑣碎複雜，再加上天文觀測手段的進步，更精確的天象記錄的利用，從而順理成章地產生了「日心說」。這也可以說是歷史進步的必然產物，有了社會的、科學的、現實的基礎，在當時哥白尼所處的年代，即使不是他發現總結了「日心說」，也會有「張白尼」、「李白尼」來完成這一歷史使命！愛因斯坦的名言就說，科學的就是簡單的，事物總是越簡單越美。還有那個「蘋果砸中牛頓腦袋」的故事，真的確有其事嗎？據說牛頓（Isaac Newton）的姑媽還出面證實，她親眼看到一個大大的蘋果砸中了牛頓的腦袋……其實，我們真的不會在意這件事情的真假，在意的是任何事物都會有必然的發生和發展的過程，絕不會憑空出現。

1.2.1 深厚的基礎和良好的氛圍

哥白尼，偉大的波蘭天文學家，「日心說」理論的創始人。許多關於社會和科學發展的論述都會把他看成是一個革命家，一個舊世界的「鬥士」。其實，他應該是一個科學家、天才、幸運兒，有著科學家所固有的嚴謹的工作態度，有著發現事物缺陷和理論不協調的敏銳眼光，受過良好正統的教育，生活無憂，這才使得他有能力、有運氣、有時間去改變歷史的進程。

哥白尼 10 歲時父親就去世了，但是身為教堂主教的舅父收留了他。他 18 歲進入大學學習文學和天文學，要注意當時天文學的學習內容，幾乎是包羅萬象的，有幾何、代數、占星和天文宇宙學等。當時的哥白尼就對天文學產生了極大的興趣，而且他的數學成績很好。大學畢業後，他又去義大利留學 10 年，那個時期的義大利是文藝復興（圖 1.18）的中心，人才濟濟。

圖 1.18 文藝復興

　　哥白尼在波隆那大學（Università di Bologna）專注於天文學的學習，西元 1497 年 3 月 9 日記錄了他平生第一次天文觀測。其後他在羅馬教授數學，回國後就被任命為弗龍堡（Frombork）教堂的一位教士，擁有這種職位，就可以終生享受充足的生活費，因此，哥白尼事實上過著衣食無憂的優裕生活，並具有充分的自由支配的時間從事天文學的研究。西元 1513 年 3 月 31 日，他在教堂裡建成了一座小型的天文臺，並設計了三架天文儀器。

　　哥白尼數學很好，又有著對天文學的極度熱愛。在他留學期間，文藝復興的「春風」已經促使義大利以及其他國家的許多學者在汲取古希臘思想源泉的基礎上，在自由的氛圍裡對諸多現存的僵化學說和制度提出批評和挑戰。在天文學領域，托勒密的地心說就自然而然地成為被批評和挑戰的對象。

　　哥白尼在思想上傾向於畢達哥拉斯學派（Pythagoras school），信仰柏拉圖（Plato）的完美主義，追求數學、天文學上的簡單性和完美性。托勒密體系中由於引入了「對應點」的概念，使得天體不能再進行完美的勻速圓周運動，哥白尼認為體系是「不合格」的，違背了希臘人完美運動的原理，而如果體系（宇宙）的中心不是地球而是太陽，那麼對天體運行的描述就可能會簡單得多。他在他的著作中指出：「托勒密的理論，雖然與數值計算相符，但也吸引了不少疑問。的確，這種理論是不充足的……天體既不是沿著載運它的軌

道，也不繞著它自身的中心在作等速運動。因此，這樣的理論，既不夠完善，也不完全合理。」這似乎是說，托勒密的體系對天體位置的預測是有效的，但是它違背了希臘天文學和哲學中完美運動的原理。可見哥白尼是多麼推崇畢達哥拉斯，中毒至深！他又說道：「我注意到了這一點，於是就常常想，能不能找到這些圓的一種更合理的組合，用它可以解釋一切明顯的不均勻性，並且如同完美運動原理所要求的，每個運動本身都是均勻的。」由此可見，哥白尼最初的用心只是想到了事物的完美和理論的不協調，並不是真的想要開創一場天文學的革命。後面我們會看到，他的日心理論的提出就是建立在一般性的「公理」之上的。

1.2.2 柏拉圖的完美和托勒密的不完備

直覺告訴我們，所有的天體都是圍繞著地球旋轉，作為宇宙的中心，地球是靜止不動的。在不能認識宇宙的古代，人類只能是「坐井觀天」地去體會和讚美宇宙。認識宇宙的真面目也只能是無奈地退而求其次了。

Cosmos（宇宙）一詞，是由古希臘的數學家畢達哥拉斯創造的，原意為「一個和諧而有規律的體系」。畢達哥拉斯學派認為，天文學的目的，首先是追求宇宙的和諧，而不是狹義地去擬合觀測。因此，對於古希臘的科學家來說，科學的目的，是為了揭示宇宙的奧祕。構建模型、解釋現象，

要比追求實用、迎合世俗的價值觀更加重要。在他們的心目中，科學一定是美的，作為宇宙論的一個基本特徵，和諧與簡單，就是這種美學的最高標準。這種科學觀，最終形成了綿延持久的學術傳統，對西方科學的發展產生了極為深遠的影響。

你可能會問，難道他們不想去實際地觀察宇宙、認識宇宙嗎？當然想！那是人類一直的夢想。只是方法和能力不族而已！心理學和社會學的研究告訴我們，人對於未可知的東西，更可能產生的情感和思維就是畏懼或者讚美。

所以，當時統治科學界的柏拉圖才會這樣描述天體運行所應該採用的軌道：宇宙的本質是和諧的，而和諧的體系應當是絕對完美的，由於圓是最完美的形狀，因此，所有天體運動的軌道都應該是圓形的（圖 1.19）。

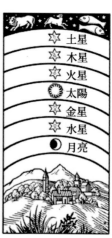

圖 1.19 柏拉圖的和諧宇宙和天體的完美圓軌道

按照這種假說，柏拉圖提出了一種同心球宇宙模型，在這個模型中，月亮、太陽、水星、金星、火星、木星、土星依次在以地球為中心的固定的球面上作圓周運動。

這個模型提出後，很快就遭到人們的質疑。因為，行星在天空中時而順行、時而逆行，憑直覺就可以判定，它們的視運動軌跡顯然不是一個圓周。對此，柏拉圖認為，行星運動所表現出來的這些現象是表面的、個別的，並不能夠證明宇宙遵循「和諧」的這個理性主義的美學原則錯了。為了對付這些異常現象，他發起了一場「拯救現象」運動，試圖繼續用同心球模型的框架來解釋行星逆行之類的異常現象。

在「拯救現象」的運動中，出現了一位傑出的幾何學家，他就是在緩解古希臘第一次數學危機的過程中扮演了重要角色的歐多克索斯（Eudoxus）。在柏拉圖同心球理論的基礎上，歐多克索斯提出了一種新的同心球模型。在這個模型中，日月五星的視運動軌跡，每個都是由一系列的同心球按不同的速度、繞不同的軸旋轉而成的。

而古希臘的天文學家發現日月五星運動的不均勻性現象，在歐多克索斯的同心球模型中還是不能夠反映出來。為了更精確地模擬天體的運動，後來有人對日月五星分別增加了一層天球，使整個模型中同心球的數目達到 34 個，甚至更多⋯⋯

到了西元前 340 年前後，柏拉圖的學生亞里斯多德（Aristotle）在歐多克索斯的同心球理論的基礎上，又提出了

所謂的水晶球體系（圖 1.20）。這個模型修正了柏拉圖同心球體系中天體的排列次序，調整了太陽與內行星（水星和金星）的位置，地球之外次第為：月亮、水星、金星、太陽、火星、木星、土星、恆星天。

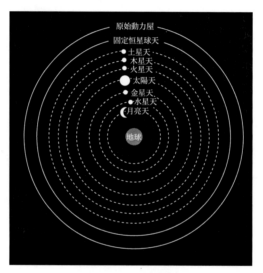

圖 1.20 水晶球體系

在亞里斯多德的宇宙論中，有兩點基本的假設：

第一，地球是宇宙的中心，是絕對靜止不動的。為了證明這一點，他舉出了兩條論據，其一，假設地球是運動的，就會有所謂的「恆星視差」，但是，當時對恆星的觀測並沒有發現這一點（當時的觀測精度無法測量到恆星視差，但它是存在的）；其二，假設地球是運動的，從高處墜落下來的物體就不應該是它的垂直的投影點。

第二，天體運動必須符合統一的圓周運動（uniform circular motion）。這一條，在歐多克索斯（Eudoxus）的同心球模型提出來後，基本上可以確立了。

按照歐多克索斯（Eudoxus）的同心球模型，可以比較好地解釋日月運行的快慢，以及行星的順行、逆行等現象，雖然複雜一些，但是不失「和諧」，可以說是一個很「完美」的宇宙模型。可是，不久人們便發現，行星（特別是金星、火星）的亮度會發生週期性的變化，而對於這個現象，歐多克索斯（Eudoxus）的同心球模型卻無法解釋，因為按照同心球理論，行星到地球的距離始終是一樣的，不應該產生亮度的變化。

那麼，行星的亮度為什麼會發生變化呢？這個問題成為亞里斯多德之後的一些學者關注的焦點。

以研究圓錐曲線著稱的阿波羅尼奧斯（Apollonius）認為，行星並不是直接繞地球作圓周運動，因此，行星與地球的距離並不總是相等的，有時遠，有時近。當行星離地球較遠的時候，看起來較暗，當行星離地球較近的時候，看起來較亮。

為了說明他的想法，阿波羅尼奧斯提出了最早的「本輪——均輪」模型（圖 1.21）。在這個模型中，行星 P 本身繞空間中的一個點 C 作圓周運動，這個圓被稱為「本輪」。本輪的圓心 C 則繞地球作圓周運動，這個圓被稱為「均輪」。這兩個圓周運動的合成，所畫出的軌跡，就是我們看到的行星運行的真實路徑。

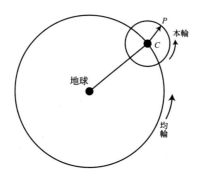

圖 1.21 行星的「本輪 —— 均輪」模型

在亞里斯多德之後的近 500 年中，古希臘的數理天文學基本上只重視對宇宙模型的構建與修改，並不太關心這些宇宙模型對具體的天體運動的計算精度。實際上，各種模型的提出和改進，都是為了提高它的解釋功能，所以在很大程度上，忽視了計算上的精度。因此，這些模型，雖然可以很簡明地演示天體的運動，但是，都不具備曆法意義上和計算天體運行工作中的實用性。

這種狀況，在西元 150 年，被偉大的天文學家托勒密進行了根本性的改變，這一年，他出版了一部數理天文學著作《天文學大成》（Almagestum）。托勒密仔細地研究了前人的成果，特別是阿波羅尼奧斯的本輪 —— 均輪模型與喜帕恰斯（Hipparkhos）的偏心圓模型，在這兩種模型的基礎上，托勒密構造了一種新的本輪 —— 均輪模型。利用這個模型所建立的計算方法，是與當時的天文觀測相當吻合的。

　　托勒密模型中最重要的創造，是提出了一種叫「對應點」的概念（圖 1.22）。根據阿波羅尼奧斯的本輪 —— 均輪模型，行星 P 在本輪上繞圓心 C 作勻速圓周運動。與阿波羅尼奧斯不同，托勒密將均輪設計為一個偏心圓，以圓心 O 為中心，選擇與地球 E 相對稱的點 E'，稱之為「對應點」。本輪的圓心 C 繞對應點 E' 作勻角速度運動。托勒密的體系中 C 點 P 點沒有改變，只是在地球的所在處增加了「對應點」的設置，這樣就能滿足行星的圓周運動。

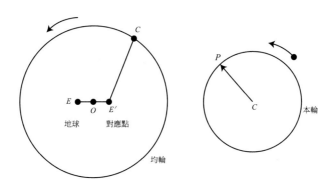

圖 1.22 對應點

　　雖然托勒密的模型在實際應用上，遠遠高於以前的所有模型，但是，它存在著一個致命的弱點，那就是，本輪的圓心 C 圍繞著對應點 E' 作角速度均勻的運動，而不是繞均輪的圓心 O 作線速度均勻的運動。因此，這個模型違背了亞里斯多德宇宙論中的基本要求 —— 統一的圓周運動（uniform circular motion）。

1.2.3 哥白尼的日心體系

我們前面提到，哥白尼日心理論（圖 1.23）的提出是建立在一般性的「公理」之上的。他當時這樣講：「當我致力於這個無疑是很困難的而且幾乎是無法解決的課題之後，我終於想到了只要能符合某些我們稱之為公理的要求，就可以用比以前少的天球和更簡單的組合來做到這一點。」

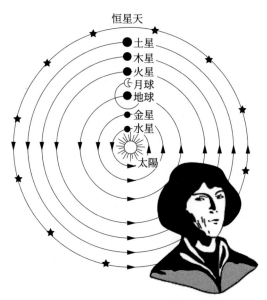

圖 1.23 哥白尼和他的日心說

他所說的公理有七條：

第一條：對所有的天體軌道或天球，不存在一個共同的中心。

第二條：地球的中心不是宇宙的中心，而是重力中心和

月球軌道的中心。

第三條：所有的天體都圍繞太陽旋轉，太陽儼然是在一切的中央，於是宇宙的中心是在太陽的附近。

第四條：日地距離和天穹高度的比小於地球半徑和日地距離的比。因此，與天穹高度比起來，日地距離就是微不足道的了。

第五條：天穹上出現的任何運動，不是天穹本身產生的，而是由於地球的運動。正是地球帶動著周圍的物質繞其不動的極點作週日運動，而天穹和最高的天球始終是不動的。

第六條：我們看到的太陽的各種運動，不是它本身所固有的，而是屬於地球和其所在的天球。就像任何別的行星一樣，地球和其所在的天球一起繞著太陽運動。這樣，地球就具有幾種運動了。

第七條：行星的視運動和逆行，不是它們在運動，而是由於地球在運動。因此，只要用地球運動這一點就足以解釋天上見到的許多種不均勻性了。

根據哥白尼的理論，「只要用地球運動這一點就足以解釋天上見到的許多種不均勻性了」，因此，托勒密地心說中無法解釋的諸多現象，在日心說看來都是可以迎刃而解的，這是日心說得以提出的最重要的原因。

實際上在西元前 3 世紀，希臘學者阿里斯塔克斯（Aristarkhos）就提出，太陽處於宇宙的中心，地球圍繞著太陽旋轉，由於他首次提出了日心說，因而被稱為「古代的哥

白尼」。哥白尼在托勒密學說的基礎上，繼承了阿里斯塔克斯的日心說主張，提出了嶄新的日心說理論。哥白尼認為：地球是球形的，因此它的自轉與公轉運動也應當是圓周運動。

1.2.4 完善日心體系的功臣們

西元 1543 年哥白尼的《天體運行論》出版了，在科學界，它和達爾文（Charles Robert Darwin）的《物種起源》以及牛頓的《自然哲學的數學原理》並稱為奠基性的三大著作。《天體運行論》的出版，在天文學領域標誌著柏拉圖對行星進行「完美」幾何描述的結束，促使科學家們開始研究行星運動學的問題，更進一步，自然也就產生了行星動力學方面問題的思考，也就是說，是什麼原因使得行星，特別是地球運動起來的？

在回答這些問題的過程中出現了四個關鍵人物：第一個是第谷（Tycho Brahe），他的主要貢獻在於給出了精確和完備的觀測；第二個是克卜勒（Johannes Kepler），他將天文學從幾何學的應用轉換成了物理動力學的一支；第三個是伽利略，他利用望遠鏡揭示了天體隱藏著的真相，並發展了運動的新概念，鞏固了哥白尼的主張；第四個是笛卡兒（René Descartes），他構想了一個無限的宇宙，在這個宇宙裡沒有什麼位置和方向是特殊的，太陽只不過是一顆區域性的恆星而已。

「前無古人後無來者」的第谷

第谷，一位偉大的觀測天文學大師。透過一系列的革新和精心的設計，他的儀器的觀測精度可以控制在1弧分之內，幾乎達到了天文目視觀測的極限，真正是前無古人，後無來者。說他後無來者，是因為在他之後的天文學家基本上都不再利用目視觀測了。借助於這些精良的天文儀器（圖1.24），他不僅對恆星位置進行了重新測量、系統測量了太陽運動的各主要參數、修正了大氣折射的數值，而且發現了月球運動的不均勻性。更重要的是，他為行星運動的研究累積了大量的精密觀測數據。

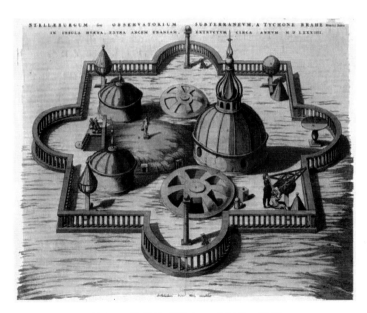

圖1.24 第谷的「私人」天文臺—星堡

　　第谷出生於丹麥一個地位顯赫的世襲貴族家庭，12 歲進入哥本哈根大學（Københavns Universitet）學習法律和其他學科，其間他對天文學產生了極大興趣。透過對西元 1560 年 8 月 21 日日食的觀測，年僅 13 歲的第谷對日食能夠預報這一點留下了極深的印象，同時也從預報存在的巨大誤差（1 天）中意識到，要想獲得更加精確的預報就必須有更加精確的天文觀測。

　　西元 1572 年 11 月 11 日晚上，第谷在仙后座發現了一顆「比金星還要亮」的「新星」（圖 1.25（a））。他利用自己製作的四分儀開展了系統觀測，發現這顆「新星」的位置相對於恆星背景沒有任何變動，根本不是大氣層內的變化，而是位於天界，甚至比五大行星的距離更遠，這與亞里斯多德關於天界永恆的觀點完全相反。他請其他人一起來見證自己的發現，並發明「新星」（Stella Nova）一詞來描述這顆新發現的天界物體。次年他在哥本哈根出版了《論新星》（De nova stella）一書，由此名聲大振，並徹底走上了職業天文學家的道路。當然，反對他的保守派人也很多，對於這些人第谷在這本書中給出了明確的批判和譏諷：「O crassa ingenia. O caecos coeli spectators.」——「哦，那一竅不通的才智；哦，那些觀天的睜眼瞎子。」

　　西元 1577 年 11 月到次年 1 月他對大彗星的詳細觀測，包括對其距離以及彗尾（圖 1.25（b））的直徑、質量和長

度的測算，發現彗尾總是指向遠離太陽方向的規律。透過觀
測，第谷認為該彗星遠遠位於月球天層以上。這一結果不僅
再次對亞里斯多德的天界永恆觀提出了挑戰，而且對第谷的
宇宙學思想產生了更加重要的影響。

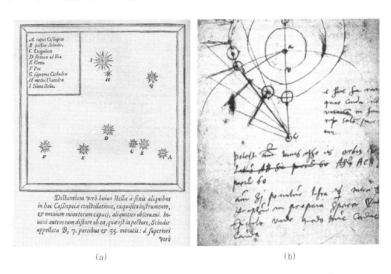

(a)　　　　　　　　　(b)

圖 1.25 第谷觀測記錄的西元 1572 年超新星（a）
和他計算的大彗星的基本數據（b）

　　在宇宙模型方面，第谷是一個「折衷」主義者。他遵循天
體作勻速圓周運動這一最高法則，讚賞哥白尼對托勒密「對
應點」模型的拋棄。但是，出於天文學和物理學兩方面的原
因，他不接受日心地動說。在他看來，哥白尼不光沒有令人
信服地解決地球的自轉會造成「拋體悖論」問題，而且靠無
限增大恆星天球半徑的辦法不但不能解決「視差悖論」問題，

反倒會出現更加荒謬的結果。例如，如果假定恆星的週年視差為 1 弧分，那麼，從土星到恆星天球的距離就要增大 700 倍。在這種情況下，光是一顆視半徑為 1 弧分的 3 等恆星，其半徑將相當於地球軌道的大小；而那些視半徑更大的恆星將會比這更大。另外，他認為地球是一個沉重而充滿惰性的物體，不會像哥白尼所認為的那樣運動。而且他也認為，地動說根本違背了《聖經》上關於地球靜止的說法。

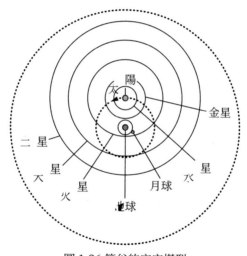

圖 1.26 第谷的宇宙模型

第谷想建立一個既沒有托勒密體系的「對應點」問題，又沒有哥白尼地動說面臨的各種問題的新體系，他想到了一種折衷方案，也就是所謂的「第谷體系」（圖 1.26）：讓月球與太陽繼續圍繞地球運動，而讓五大行星圍繞太陽運行。這樣做既延續了日心說在簡潔等方面的優勢，又避免了該模型

在當時所面臨的種種詰難。問題是，一個模型意味著水星和火星的天球必須與太陽天球相切割。如果承認固體天球的存在，則這種體系在物理上是不可能的。然而，西元 1577 年出現的這顆彗星讓第谷走出了困擾。因為，他的觀測表明，這顆彗星實際上是自由地穿行於天球之間的：古人所認為的固體天球根本就不存在，大氣層並非只到月球天，而是一直延續到所謂的「天界」。這層窗戶紙一旦捅破，第谷立即在西元 1588 年出版的《論天界新現象》中公布了自己的宇宙模型。

哥白尼理論的最大問題是它和實際觀測不符！如果地球是在運動的話，理論上我們就會見到恆星在天空中的位置在產生微小的變動，這叫做恆星的週年視差。第谷也好，伽利略也好，都沒能觀測到這個現象。當然，這不能怪第谷，因為恆星離我們是如此遙遠，它的視差不要說用肉眼，哪怕是望遠鏡發明後的整整兩百年內，都沒有被最終發現。可站在第谷當年的立場上，這無疑是日心說的一個反證。

更何況，從日心說推算出來的星表，其精度根本不能和第谷本人的相提並論。客觀地說，從當年的情況來看，並沒有特別值得傾向於哥白尼體系的理由。之後布魯諾（Giordano Bruno）捍衛日心說觀點，結果被教廷判決燒死。但布魯諾的用意並不在於堅持一種科學革命，相反，歷史學家認為他的目的很可能是出於對一種古老宗教體系的恢復。這種被稱為赫密士主義（Hermetism）的思想充滿了巫術色彩，崇拜太

陽，而日心說正好與該教義暗合。我們今天說布魯諾是「為了科學而獻身」，這種說法其實存在著很大的爭議。

而克卜勒、伽利略對日心說的信奉，可以稱之為眼光獨到，同時也具有一定的科學證據。

克卜勒創造了太陽系真正的完美

和哥白尼、第谷兩人不同，克卜勒出身貧寒，還是個早產兒。更不幸的是由於 3 歲時被傳染了天花，不僅損壞了面容，還使得他一隻手半殘，視力也受到損害。也可能正是由於處世的艱難，才有了他追求科學真理、天體運動的真相的堅強意志。克卜勒對天文學的貢獻完全可以和哥白尼相媲美。而作為一個科學家，他昇華自然現象到科學本質的能力，更是要超過他的「老師」加同事 —— 第谷！

克卜勒雖然家境不好，但他還是走完了自己的受教育之路。當然他最初接受教育的動力是為了擺脫貧困，所以，他在 1587 年 17 歲時進入圖賓根大學神學院。在進神學院以前，克卜勒對天文學並沒有多大興趣，他熱衷的是神學，希望日後能當一名牧師，為上帝傳播福音。是他的老師和當時流行的日心說引起了他對天文學的興趣。

1596 年，克卜勒發表了他的第一本著作《宇宙的奧祕》。並把書寄給了當時天文界的領袖人物第谷，幾次通信之後，他們就感覺到了彼此的「惺惺相惜」。已經身在布拉格的第谷

就邀請克卜勒來共同工作。他在信中寫道：「來吧，作為朋友而不是客人，和我用我的一切一起觀察。」

第谷去世後，將他的所有觀測資料留給了克卜勒。當克卜勒用第谷的觀測資料研究火星的運動時，發現火星如果真是作圓周運動的話，那就與第谷的觀測資料有 8 分的誤差。對一般的觀測結果來說，這是一個能夠被接受的誤差，但克卜勒認為對第谷來說，這是一個不能允許的誤差，他心裡很清楚，第谷的實測誤差絕對不會超過 2 分！

這時，克卜勒以非凡的創造性精神大膽拋棄了一些不符合觀測的傳統觀念。火星的運動軌道偏離圓軌道已經比較明顯，與哥白尼認為行星運動一定是圓周運動的觀點矛盾。但克卜勒既沒有因此懷疑日心說，也沒有懷疑第谷的觀測資料，而是認為哥白尼日心說裡延續自柏拉圖的完美的「圓周運動」值得懷疑。於是，克卜勒放棄火星運動軌道是圓周的假說，把它視為卵形。他對火星軌道實驗了多種類似卵圓的曲線，花了 3 年時間才最終確定火星的軌道實際上是橢圓。而且發現火星橢圓運動軌道的猜想與觀測資料非常一致。經過進一步的研究證明，不僅僅是火星，而且所有行星運動的軌道都是橢圓，太陽在橢圓的一個焦點上（圖 1.27）。這就是克卜勒的行星運動第一定律。

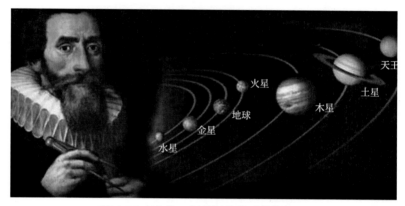

圖 1.27 克卜勒—行星運動的「總指揮」

在確定行星沿橢圓軌道運動後，克卜勒迫切想了解：「為什麼行星偏愛橢圓運動？行星運動的原因是什麼？」這促使他又證實，行星在橢圓軌道上，當離太陽近時行星運動快，離太陽遠時行星運動慢。這樣，克卜勒又拋棄了星體作神聖的勻速運動的理論。去計算、找尋行星運動在橢圓軌道上所遵循的規律。這個規律就是克卜勒第二定律：太陽到行星的矢徑在相等的時間內掃過相等的面積。

由於克卜勒堅定宇宙有一種內在的和諧存在於各行星之間的運動，在之後的十年裡，他又不知疲倦地繼續觀察行星運動和分析第谷的觀察資料。西元 1618 年 5 月，克卜勒終於發現了行星運動第三定律：各個行星運動週期的平方與各自離太陽的平均距離的立方成正比。

可以說，克卜勒既完善了哥白尼的學說，又破壞了哥

白尼的學說。哥白尼所尋求的滿足幾何簡單性要求的行星系統，克卜勒用一種圓錐曲線就解決了，把那些複雜的本輪、偏心輪通通淹沒在橢圓的簡單性之中；而克卜勒對於火星研究總結出的行星定律，又把哥白尼一直推崇的完美的「幾何天文學」引導到了物理學的一個分支。而克卜勒行星定律更是奠定了牛頓力學及天體力學的基礎。

但是，克卜勒定律當時只是停留在理論上的精彩，還缺乏實際的考證。最初第谷邀請克卜勒一起工作的原因之一，就是完成《魯道夫星表》，克卜勒最終也完成了這份任務，而正是這個基於第谷的觀察和克卜勒的理論的星表的精確性，證明了克卜勒行星定律的正確。相比以往的星表，利用《魯道夫星表》觀測西元 1631 年的水星凌日現象時，精度是其他觀測的十倍！

伽利略的天文望遠鏡和運動新定義

伽利略（Galileo Galilei），義大利物理學家、天文學家和哲學家，近代實驗科學的先驅者。其成就包括改進望遠鏡和其所帶來的天文觀測，以及支持哥白尼的日心說。當時，人們爭相傳頌：「哥倫布（Cristoforo Colombo）發現了新大陸，伽利略發現了新宇宙。」可見他的偉大程度，有一種說法，伽利略去世的那一年，牛頓出生（圖 1.28）。

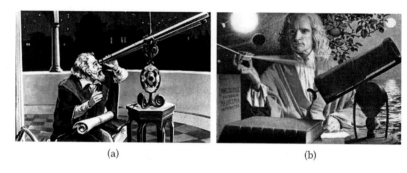

(a)　　　　　　　　　　　　　(b)

圖 1.28　(a) 伽利略製造了第一臺折射式天文望遠鏡；
(b) 牛頓製造了第一臺反射式天文望遠鏡

　　西元 1564 年 2 月 15 日伽利略出生於義大利西部海岸的比薩城（Pisa），出身於沒落的名門貴族家庭。父親是一位音樂家，精通希臘文和拉丁文，對數學也頗有造詣。因此，伽利略從小受到了良好的家庭教育。

　　伽利略在 12 歲時，進入佛羅倫斯（Florence）附近的瓦洛姆布洛薩修道院，接受古典教育。17 歲時，他進入比薩大學學醫，同時潛心鑽研物理學和數學。由於家庭經濟困難，伽利略沒有拿到畢業證書便離開了比薩大學。在艱苦的環境下，他仍堅持科學研究，攻讀了歐幾里得（Euclid）和阿基米德（Archimedes）的許多著作，做了許多實驗，並發表了許多有影響的論文，從而受到了當時學術界的高度重視，被譽為「當代的阿基米德」。

　　伽利略在 25 歲時被比薩大學聘請為數學教授。兩年後，伽利略因為著名的比薩斜塔實驗，觸怒了教會，失去這份工

作。伽利略離開比薩大學後，於西元 1592 年去威尼斯的帕多瓦大學任教，一直到西元 1610 年。這一段時期是伽利略從事科學研究的黃金時期。在這裡，他在力學、天文學等各方面都取得了纍纍碩果。

伽利略的研究在兩個層面上支撐哥白尼學說。第一個是他透過望遠鏡的天文發現，從事實上證明了哥白尼的學說；第二個層面是他關於運動的重新評價，反駁了對地動說的經典駁難，從物理上支持了哥白尼。

西元 1609 年他聽說荷蘭人發明了望遠鏡之後，正處於創造能力頂峰的他，馬上想到了利用望遠鏡觀測天體的可能性，立即動手製作並投入觀測。他說道：「與肉眼所見相比，它們幾乎大了一千倍，而距離只有三十分之一。」他看見了月球表面的「坑」，知道了天體並非像希臘人描述的那麼完美；他看到了比肉眼觀察要多得多的恆星，而它們並不像行星一樣視圓面會被放大，說明它們距離地球很遠很遠……真的可能像第谷駁斥哥白尼時所說的那樣，恆星比原來的位置要遠了 700 多倍，甚至更多，這對哥白尼當然是好消息。

西元 1610 年，當他把望遠鏡指向木星時，發現木星位於三顆小星星的中間，而這三顆小星星令人驚奇地排成了一條直線。那天是 1 月 7 日，而他在 1 月 13 日再度觀察它們時，小星星已經不是三顆，而是四顆，而且從它們的位置變化判斷，它們是在圍繞著木星公轉。就像行星圍繞著太陽，月亮

圍繞著地球一樣。四顆衛星可以圍繞著木星（公）轉，如果是這樣，那哥白尼構想的行星體系當然也就可以圍繞著太陽（公）轉啦。這一事實，還支持了哥白尼提出的宇宙沒有唯一的繞轉中心的猜想。

哥白尼的地動學說還曾經面臨這樣的駁難：如果說地球在自轉的同時還在繞日公轉，為什麼我們完全感覺不到這種運動？一支箭垂直射向空中，為什麼又落回到原地？因為按照亞里斯多德的論證，地面上的物體除了尋找其固有位置的自然運動之外，別的運動都需要外力。如果地面從西往東在移動，那麼垂直落下的箭因為沒有橫向的作用力，勢必要落到偏向西面的地方。然而事實並非如此，所以地球在箭飛行的時間內是沒有移動的。

面對這一駁難，伽利略採取了釜底抽薪的策略，也就是重新評價（定義）運動的概念。對亞里斯多德來說，非自然運動的強迫運動需要一個原因，因此需要一個解釋；而靜止是不需要原因的。伽利略關於運動的觀點告訴我們：並不是運動本身需要原因，而是運動的變化需要原因。穩定的運動包括靜止這種特例是一種狀態（慣性），保持這種狀態會感覺不到運動。這就是為什麼地球上的人在地球繞太陽旋轉的時候感覺不到自己的運動（速度）的原因。

圖 1.29 伽利略的大船實驗

　　伽利略的那個大船的故事我們都聽過很多遍了，現在我們從圖上來看看他是如何描述的（圖 1.29）：「把你和一些朋友關在一條大船下的主艙裡，再讓你們帶幾隻蒼蠅、蝴蝶和其他小飛蟲。艙內放一隻大水碗，其中放幾條魚；然後掛上一個水瓶，讓水一滴一滴地滴到下面的一個寬口罐子裡。船停著不動時，你留神觀察，小蟲都可以等速向艙內各個方向飛行，魚向各個方向隨便游動，水滴滴進下面的罐子中。你把任何東西扔給你的朋友時，只要距離相等，向這一方向不必比另一方向用更多的力，你雙腳齊跳，無論向哪個方向跳過的距離都相等。當你仔細地觀察這些事情後（雖然當船停止時，事情無疑是這樣發生的），再使船以任何速度前進，只要運動是勻速的，也不忽左忽右地搖擺，你將發現，所有上述現象絲毫沒有變化，你也無法從其中任何一個現象來確定，船是在運動還是停著不動。」

這就是「伽利略相對性原理」，大約三百年之後愛因斯坦的相對論論證了，這一原理也適用於任何封閉系統的電磁現象。而在當時，這一實驗結論，無疑地造成了論證地球運動立碑存證的效果。

超脫了所有人的笛卡兒

笛卡兒，因為笛卡兒坐標系，很多人會想他是一名數學家，其實他可以說是一名物理學家、天文學家，他建立的無限宇宙的渦旋模型幾乎統治了整個 17 世紀，直到牛頓萬有引力定律的提出。也許有些人願意把他看成哲學家，你會想起他著名的「心形曲線」（圖 1.30）。好吧，我們就順便提一下他的兩句名言：

我思故我在！

所有的好書，讀起來就像與過去世界上最傑出的人們談話！

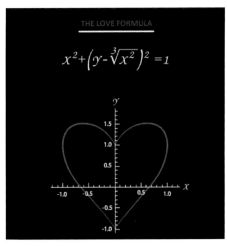

圖 1.30 笛卡兒和他的「心形曲線」

　　笛卡兒的確是一個天才，他提出坐標系的概念，對光學也有研究，還特別研究了碰撞運動，提出運動中總動量守恆的思想，被認為是動量守恆的雛形。他最重要的貢獻是打破了依舊禁錮在哥白尼、克卜勒和伽利略腦袋裡的有限宇宙的概念，提出了無限宇宙的思維。他認為宇宙是一個充滿物質的空間，空間的物質運動形成了無數的漩渦。他提出，我們的太陽系就處於一個漩渦中，這個漩渦如此之巨大，以至於整個土星軌道相對於整個漩渦來說只不過是一個點。笛卡兒的渦旋宇宙理論是第一個取代固態不變的水晶球模型的宇宙學說，為人們指出了宇宙的可變性和無限性，開拓了人類科學的視野。

1.3 「天人合一」的思維影響著人類的歷史

夜觀天象、占星術、天人合一，從古至今人們為什麼那麼關心「天上的」事情呢？一方面，只能依賴原始力、原始能源、原始工具的原始人，沒有任何可供依據的生活技能和生存本領，而每天高高在上的天空，似乎是那麼變幻莫測，應該在隱約地告訴我們什麼；另一方面，科學的本質，實際上就是對大自然規律的了解和掌握，以及加以利用，人類最早知曉並掌握、利用的大自然規律，應該就來自「天上」。白天黑夜、暑去寒來，這些都帶給人類最真切的體驗；來來往往、外出又歸來，人們要有目標、參照物，要清楚方向。這一切都來自大自然，來自上天，來自人類天人合一的思維。

1.3.1 天亮天黑說說「日」

不管你是否知曉天文學知識，如果有人問你，在表達時間的詞彙中，比如，年、月、日，人類最早掌握其規律的是哪個？你一定會回答——日。是呀，天黑了又亮了，天亮了又黑了，人們逐漸地掌握了大自然、老天的變化規律，就出現了「日」的概念；然後是看月亮有了「月」，看太陽有了「年」。

看「日頭」說時辰

你一大清早（圖 1.31）的就起來散步啦？

大中午的，你怎麼在這晒太陽呢？

這些問候句子關於時間的描述一語中的。大清早，清日清靜；早，在說文解字中是這樣說的：早，晨也。從日在甲上。「甲」的最早寫法像「十」，指皮開裂，或東西破裂。「早」即天將破曉，太陽衝破黑暗而裂開湧出之意。早晨，大地清靜，太陽帶來陽氣，當然要去散步啦！

圖 1.31 清晨，太陽初升，一天開始了

中午就更明白啦，日正當中，這一段時候你肯定會被晒得很慘呀！

中國古代制定和沿用了自成體系的計時法。常見的主要是天色法與地支法兩種，夜裡由於不能觀察天色，所以就採

用守漏、擊鼓報時（更）的方法，稱之為記夜法，屬於天色法的延續。

一般地說，日出時可稱旦、早、朝、晨，日入時稱夕、暮、晚。太陽正中時叫日中、正午、亭午，將近日中時叫隅中，偏西時叫昃、日昳。日入後是黃昏，黃昏後是人定，人定後是夜半（或叫夜分），夜半後是雞鳴，雞鳴後是昧旦、平明——也就是說天已亮了。古人一天兩餐，上餐在日出後隅中前，這段時間就叫食時或早食；晚餐在日昃後日入前，這段時間叫晡時。這些就是天色法的基礎了。

天色法早在西周時就已採用。

殷周時的十二段計時：
▶ **白天**：夙、旦、明（大采）、占、食日（大食）、日中、昃、小食、小采（上半段）；
▶ **夜間**：小采（下半段）、會、枛、夕。

殷周時後來也採用十六段計時：
▶ **白天**：夙、旦、朝（大采）、占、食日（大食）、日中、昃、郭兮（郭）、小食、萌小采、莫
▶ **夜間**：會、昏、（木＋凡）、夕、寱。

秦代十六段計時：夙、平旦、日出、食時、朝（大采）、莫食、東中、日中、西中、日昳、晡時、下市、黃昏、人定、夜半、雞鳴。

漢代命名為：夜半、雞鳴、平旦、日出、食時、隅中、日中、日昳、晡時、日入、黃昏、人定。

　　秦末漢初，人們將天象（太陽）與更靠近人類的動物（十二生肖圖 1.32）的活動結合起來，開始用十二地支來表示時間（時辰，現今的兩個小時等於一個時辰），以夜半二十三點至一點為子時，一至三點為丑時，三至五點為寅時，依次遞推。

圖 1.32 用十二種動物來表示一天的十二個時辰

- **子時夜半**（鼠，鼠在這時間最活躍），又名子夜、中夜，十二時辰的第一個時辰（23 時至 01 時）。
- **丑時雞鳴**（牛，牛在這時候吃完草，準備耕田），又名荒雞，十二時辰的第二個時辰（01 時至 03 時）。
- **寅時平旦**（虎，老虎在此時最猛），又稱黎明、早晨、日旦等，此時是夜與日的交替之際（03 時至 05 時）。
- **卯時日出**（兔，月亮又稱玉兔，在這段時間還在天上），又名日始、破曉、旭日等，指太陽剛剛露臉，冉冉初升的那段時間（05 時至 07 時）。
- **辰時食時**（龍，相傳這是「群龍行雨」的時候），又名早

食等，古人「早食」之時也就是吃早飯的時間（07 時至 09 時）。

- ▸ 巳時隅中（蛇，在這時候隱蔽在草叢中），又名日禺等，臨近中午的時候稱為隅中（09 時至 11 時）。
- ▸ 午時日中（馬，這時候太陽最猛烈，相傳這時陽氣達到極限，陰氣將會產生，而馬是陰類動物），又名日正、中午等（11 時至 13 時）。
- ▸ 未時日昳（羊，羊在這段時間吃草），又名日跌、日央等，太陽偏西為日昳（13 時至 15 時）。
- ▸ 申時晡時（猴，猴子喜歡在這時候啼叫），又名日鋪、夕食等（15 時至 17 時）。
- ▸ 酉時日入（雞，雞於傍晚開始歸巢），又名日落、日沉、傍晚，意為太陽落山的時候（17 時至 19 時）。
- ▸ 戌時黃昏（狗，狗開始守門口），又名日夕、日暮、日晚等，此時太陽已落山，天將黑未黑。天地昏黃，萬物朦朧，故稱黃昏（19 時至 21 時）。
- ▸ 亥時人定（豬，夜深時分豬正在熟睡），又名定昏等，此時夜色已深，人們已經停止活動，安歇睡眠了。人定也就是人靜（21 時至 23 時）。

按照傳統哲學思維和宇宙觀，天地（陰陽）相合達成五行（金木水火土）而形成萬物。所以，一天內的氣象也匹配了它們的五行屬性。如早晨因太陽出來而植物啟動了生長，所以這時辰別名為「木」。到了中午太陽最旺盛，空氣中、土地裡灼熱，所以這時辰別名為「火、金」和「火、土」。下午 5 點到 7 點最乾燥，果實糖分最充足，這時辰別名為「金」。

到了深夜 12 點，環境一切冷靜，這時辰別名為「水」。

地支計時，每個時辰恰好等於現在的兩個小時，後世（清代）又把每個時辰分為先「初」後「正」，使十二時辰變成了二十四段。現時每晝夜為二十四小時，在古時則為十二個時辰。當年西方機械鐘錶傳入中國時，人們將中西時點，分別稱為「大時」和「小時」。隨著鐘錶的普及，人們將「大時」淡忘，而「小時」沿用至今。

古人說時間，白天與黑夜還有不同，白天說「鐘」，黑夜說「更」或「鼓」。又有「晨鐘暮鼓」之說，古時城鎮多設鐘鼓樓，晨起（辰時，今之七點）撞鐘報時，所以白天說「幾點鐘」；暮起（酉時，今之十九點）擊鼓報時，故夜晚又說是幾鼓天。夜晚說時間也可以用「更」的，這是由於巡夜人，邊巡行邊打擊梆子，以點數報時。全夜分五個更，第三更是子時，所以又有「三更半夜」之說。時以下的計量單位為「刻」，一個時辰分作八刻，每刻等於現時的十五分鐘。舊小說有「午時三刻開斬」之說，意即，在午時三刻鐘（差十五分鐘到正午）時開刀問斬（圖 1.33），此時陽氣最盛，可讓陰氣即時消散，那些罪大惡極的犯人，聚攏不起「陰氣」，應該「連鬼都不得做」，以示嚴懲。皇城的午門陽氣最盛，所以皇帝令推出午門斬首者，不計時間，也無鬼做。

圖 1.33 犯人被砍頭

　　刻以下為「字」，關於「字」，有些地區的人會說：「下午三點十個字」，其意即「十五點五十分」。「字」，是「漏表」上兩刻（度）之間的時間間隔。字以下又用細如麥芒的線條來劃分，叫做「秒（不同於現在的秒）」；秒字由「禾」與「少」合成，禾指麥禾，少指細小的芒。秒以下無法劃，只能說「細如蜘蛛絲」來說明，叫做「忽」；如「忽然」一詞，「忽」指極短時間，「然」指變，合在一起意即在極短時間內有了轉變。

　　《摩訶僧只律》卷十七中即有這樣的記載：「一剎那者為一念，二十念為一瞬，二十瞬為一彈指，二十彈指為一羅豫，二十羅豫為一須臾，三十須臾為一晝夜。」

民間也有用「一炷香」、「一盞茶」來計時的。一般認為一盞茶有 10 分鐘，一炷香有 5 分鐘左右。許多詞語也可以用來表示時間，時間不大叫做「旋」，「俄爾」表示忽然間。「俄頃」、「傾之」是一會兒，「食頃」功夫吃頓飯。「斯須」、「條忽」和「須臾」都表示瞬間，「少頃」、「未幾」和「逾時」，也是指片刻短時間。

計時工具

「日出而作，日落而息」（圖 1.34）。這樣看來我們的祖先把太陽作為最早的「計時器」。

圖 1.34 日出而作，日落而息

不誤農時是農業社會的基本準則，「懸象著明，莫大於日月」，每天出沒的太陽就成了人們最早的時間標記物。同時人們觀察到陽光下樹影、房影的移動，就衍生出了「立竿見影」。一寸光陰一寸金，光陰怎麼可以度量呢，不能，但影子可以！

人類最早使用的計時儀器就是利用太陽的射影長短和方向來判斷時間的。前者稱為圭表（圖 1.35），用來測量日中時間、定四季和辨方位；後者稱為日晷（圖 1.36），用來測量時間。二者統稱為太陽鐘。

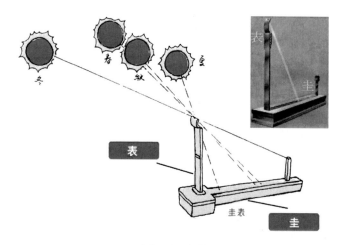

圖 1.35 圭表

圖 1.36 日晷

太陽鐘在陰天或夜間就失去效用。為此人們又發明了漏壺和沙漏、油燈鐘和蠟燭鐘等計時儀器。中國古代應用機械原理設計的計時器主要有兩大類，一類利用流體力學計時，有刻漏和後來出現的沙漏；一類採用機械傳動結構計時，有渾天儀、水運儀象臺等。

圭表

由「圭」和「表」兩個部件組成。直立於平地上測日影的標竿和石柱，叫做表；正南正北方向平放的測定表影長度的刻板，叫做圭。在不同季節，太陽的出沒方位和正午高度不同，並有週期變化的規律。於露天將圭平置於表北面，根據圭上的表影，測量、比較和標定日影的週日、週年變化，可以定方向、測時間、求出週年常數、劃分季節和制定曆法。所以圭表測影是中國古代天文學的主要觀測手段之一。

日晷

又稱「日規」，其原理就是利用太陽投射的影子來測定並劃分時刻。日晷通常由銅製的指針和石製的圓盤組成。銅製的指針叫做「晷針」，垂直地穿過圓盤中心，晷針又叫「表」，石製的圓盤叫做「晷面」，安放在石臺上，呈南高北低，使晷面平行於天赤道面，這樣，晷針的上端正好指向北天極，下端正好指向南天極。在晷面的正反兩面刻畫出 12個大格，每個大格代表兩個小時。當太陽光照在日晷上時，

晷針的影子就會投向晷面，太陽由東向西移動，投向晷面的晷針影子也慢慢地由西向東移動（所謂順時針，就是這樣來的）。由於從春分到秋分期間，太陽總是在天赤道的北側運行，因此，晷針的影子投向晷面上方；從秋分到春分期間，太陽在天赤道的南側運行，因此，晷針的影子投向晷面的下方。

世界上最早的日晷誕生於六千年前的巴比倫王國。中國最早文獻記載是《隋書・天文志》中提到的袁充於隋開皇十四年（西元 574 年）發明的短影平儀，即地平日晷。

刻漏

又稱漏刻、漏壺（圖 1.37）。漏壺主要有洩水型和受水型兩類。早期的刻漏多為洩水型。水從漏壺底部側面流洩，格叉和關舌叉上升，使浮在漏壺水面上的漏箭隨水面下降，由漏箭上的刻度指示時間。後來創造出受水型，水從漏壺以恆定的流量注入受水壺，浮在受水壺水面上的漏箭隨水面上升指示時間，提高了計時精度。

當時已知水溫和空氣溼度對刻漏計時精度的影響。漏刻的度數會因乾、溼、冷、暖而異，在白天和夜間需要分別參照日晷和星宿核對。

圖 1.37 最早出土的刻漏和多層漏壺計時器

刻漏的最早記載見於《周禮》。已出土的文物中最古老的刻漏是西漢遺物,共 3 件,均為洩水型。其中以 1976 年內蒙古自治區(現鄂爾多斯)杭錦旗出土的青銅漏壺最為完整,並刻有明確紀年。

其他一些計時方法,如香篆、沙鐘(沙漏)、油燈鐘、蠟燭鐘等。而最有名的當屬東漢張衡製造的水運渾天儀和宋代蘇頌製造的水運儀象臺了。

渾天儀

張衡,東漢時期傑出的科學家,中國歷史上最早製造渾天儀(圖 1.38)的人。張衡的《渾天儀圖注》是渾天說的代表作。他明確地指出了大地是個圓球,形象地說明了天與地的關係。從《晉書》中記載得知,張衡的渾天儀是一個直徑約 5 尺的空心球,上面繪有二十八宿,中外星官以及互成 24°的黃道和赤道,黃道上還標明二十四節氣的名稱。緊附於天

球外的有地平環和子午環等。天體半露於地平環之上,半隱
於地平環之下。天軸則支架在子午環上,其北極高出地平環
36°,天球可繞天軸轉動,這就是渾天儀的外部結構,它形象
地表達了渾天思想。

圖 1.38 渾天儀

圖 1.39 渾象儀

張衡還利用中國古代機械工程技術的發展，把計量時間用的漏壺與渾象（圖1.39）組合起來，即利用漏壺的等時性，以漏壺流出的水為原動力，再透過渾象內部裝置的齒輪系統等傳動和控制設備，使渾象每天均勻地繞天軸旋轉一週，從而達到自動地、接近正確地演示天象的目的。此外水運渾象還帶動一個稱作「瑞輪冥莢」的巧妙儀器，製成機械日曆。「瑞輪冥莢」就像是一個水車，有24個水斗，透過它利用機械裝置推動渾象儀一天24小時轉動一周。傳說冥莢是一種奇妙的植物，它每天長一片葉子，到月半共長15片葉子，以後每天掉一片葉子，到月底正好掉完。「瑞輪冥莢」就是依照這種現象進行構思，用機械的方法使得在一個槓桿上每天轉出一片葉子來，月半之後每天再落下一片葉子來，這樣就可以知道月相。

水運儀象臺

宋代科學家蘇頌於1088年製成（圖1.40）。在機械結構方面，採用了民間使用的水車、筒車、桔槹、凸輪和天平秤桿等機械原理，把觀測、演示和報時設備集中起來，組成了一個整體，成為一部自動化的天文臺。

水運儀象臺是一座底為正方形、下寬上窄略有收分的木結構建築，高大約有12公尺，底寬大約有7公尺，共分為3層。上層是一個露天的平台，設有渾儀一座，用龍柱支持，

下面有水槽以定水平。渾儀上面覆蓋有遮蔽日晒雨淋的木板屋頂，為了便於觀測，屋頂可以隨意開閉，構思巧妙。露臺到儀象臺的臺基有 7 公尺多高。中層是一間沒有窗戶的「密室」，裡面放置渾象。天球的一半隱沒在「地平」之下，另一半露在「地平」的上面，靠機輪帶動旋轉，一晝夜轉動一圈，真實地再現了星辰的起落等天象的變化。下層設有向南打開的大門，門裡裝置有五層木閣，木閣後面是機械傳動系統。第 1 層木閣又名「正衙鐘鼓樓」，負責全臺的標準報時。木閣設有 3 個小門。到了每個時辰的時初，就有一個穿紅衣服的木人在左門裡搖鈴；每逢時正，就有一個穿紫色衣服的木人在右門裡敲鐘；每過一刻鐘，就有一個穿綠衣的木人在中門擊鼓。第 2 層木閣可以報告 12 個時辰的時初、時正名稱，相當於現代時鐘的時針表盤。這一層的機輪邊有 24 個司辰木人，手拿時辰牌，牌面依次寫著子初、子正、丑初、丑正等。每逢時初，時正，司辰木人按時在木閣門前出現。第 3 層木閣專報刻的時間。共有 96 個司辰木人，其中有 24 個木人報時初、時正，其餘木人報刻。例如，子正：初刻、二刻、三刻；丑初：初刻、二刻、三刻，等等。第 4 層木閣報告晚上的時刻。木人可以根據四季的不同擊鉦報更數。第 5 層木閣裝置有 38 個木人，木人位置可以隨著節氣的變更，報告昏、曉、日出以及幾更幾籌等詳細情況。5 層木閣裡的木人能夠表演出這些精彩、準確的報時動作，是靠一套複雜的機械

裝置「晝夜輪機」帶動的。而整個機械輪系的運轉依靠水的
恆定流量，推動水輪做不間歇的運動，帶動儀器轉動，因而
命名為「水運儀象臺」。

圖 1.40 集實用性和機械靈活性為一體的水運儀象臺

還有一些「因地制宜」的計時器，都很巧妙實用。

碑漏

屬輥彈漏刻的一種（圖 1.41）。在一個高、寬各 2 尺的屏風上，貼著「之」字形竹管。有 10 個約半兩重的銅彈丸，計時者從竹管頂端投入銅彈丸，在底部有銅蓮花形的容器，彈丸落入後砰然發聲，這時再投入 1 丸，如此往復，據此計時。

香漏：知識改變命運一事古今皆同。因而寒門子弟螢窗雪案，暮史朝經，以求取功名。《南匯縣續志》中記載：明末時，南匯縣有一葉姓的寒門寡母教子讀書，又恐幼子過於勞累，「嘗以線香，按定尺寸，繫錢於上。每晚讀，則以火熏香，承以銅盤。燒至繫錢處，則線斷錢落盤中，鏘然有聲，以驗時之早晚，謂之香漏（圖 1.42）」。也就是說，這種裝置除卻目視，透過耳聞亦可知時刻，是一種簡易的自動報時工具。香漏在古代的競渡龍舟中也經常使用。

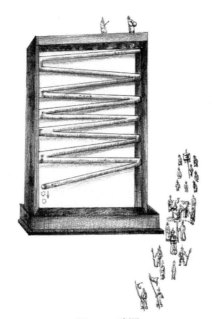

圖 1.41 碑漏

圖 1.42 香漏

> 秤漏

　　是一種官方使用的，供全城或全軍營人使用的報時、守時裝置（圖 1.43）。配圭表以校準，置於譙樓之上，並設有專人輪值測時、報時，透過鐘錚、鼓、角等設備將時間播送至全城。

圖 1.43 秤漏

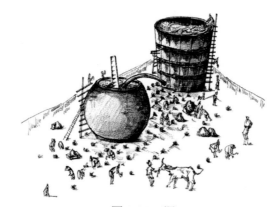

圖 1.44 田漏

田漏

每年四月上旬,穀苗尚嫩、野草遍布,耕耘的人們就全部出動。幾十上百人為一曹,安置一個田漏(圖 1.44),用擊鼓的方法指揮群眾。選兩個德高望重的人,一人敲鼓發布號令,一人看鐘漏掌握時間。歇晌吃飯、出工收工,都聽從此二人指揮。鼓聲響了還沒到,或者到了卻不努力勞作,都要受到責罰。到了七月中旬,稻穀成熟而雜草衰敗的時候,就把鼓、漏收回。

「跳秒」科技與自然的結合

跳秒(圖 1.45)也稱閏秒,它的作用就像是彌合農曆和公曆之間的不協調而使用的「閏月」一樣。是指為保持協調世界時接近於世界時時刻,由國際計量局統一規定在年底或年中(也可能在季末)對協調世界時增加或減少 1 秒的調整。由於地球自轉的不均勻性和長期變慢性(主要由潮汐摩擦引起的),會使世界時(民用時)和原子時之間相差超過到 ± 0.9 秒時,就把協調世界時向前撥 1 秒(負閏秒,最後一分鐘為 59 秒)或向後撥 1 秒(正閏秒,最後一分鐘為 61 秒);閏秒一般加在公曆年末或公曆六月末。如果正閏秒,則這一秒是被加在第二天的 00:00:00 前的。當決定加入正閏秒的時候,當天 23:59:59 的下一秒當記為 23:59:60,然後才是第二天的 00:00:00。如果是負閏秒的話,23:59:58

的下一秒就是第二天的 00：00：00 了。

圖 1.45 跳秒

目前，全球已經進行了 27 次閏秒，均為正閏秒。最近一次閏秒在 2017 年 1 月 1 日 7 時 59 分 59 秒（時鐘顯示 07：59：60）出現。這也是 21 世紀的第五次閏秒。

如果不增加閏秒會有什麼影響呢？按照世界時與原子時之間時差的累積速度來看（43 年減慢了 25 秒），大概在七八千年後，太陽升起的時間可能就會與現在相差 2 個小時了，本來中午 12 點太陽當頭照，而七八千年後就要下午 2 點太陽才當頭照了。

世界協調時的依據是地球自轉，而地球的轉速是越來越慢，相比幾億年之前，慢了很多（據估算，每過 35 000 年，地球上一天的長度就會增長 1 秒鐘）。自轉變慢主要是潮汐作用的影響，也有一些因素會使得地球自轉變快，比如，2010 年 2 月 27 日，智利發生芮氏 8.8 級地震，並且引發了海嘯。

將地球上每一天的時間縮短了大約 1.26/1,000,000 秒（1.26 微秒）。當然，這個量級太小了，不足以產生什麼明顯的效果。

實際上，地球的自轉是很不規則的，有長期減慢、週年、半年、季節性變化等。

我們知道，地球繞太陽公轉的軌道並不是均勻的圓形，而是橢圓形。橢圓形的軌道有兩個焦點，而太陽只處於其中一個，根據克卜勒定律，相等的時間內掃過相等的面積，這樣，地球在相等的時間裡走過的軌道的長度其實是不一樣的，這造成地球離太陽的距離總是變化的，而地球離太陽的遠近，會影響兩者之間的力量對比（引力變化），從而影響地球自轉的速度。

地球本身不是一個正球體，而是一個近似梨形的扁球體，球體內的物質分布不均勻，造成其轉動過程中的不規律性。

地球的地軸與太陽之間有個角度，是「歪著脖子」轉動，因為這個夾角，太陽會產生一種想要糾正它的拉力，想使其垂直轉動，但實際上並不可能，地球會產生一種反拉力，使得地球在自轉過程中像陀螺一樣轉動，在每年都會產生歲差，雖然看似可以忽略，但是每 26,000 年，這個誤差就有一圈。

地球這麼「不老實」，也許就有人會說：我們可以完全按照原子時生活呀！真的那樣了，人類生活的時間將與大自然

的內在規律慢慢地分離。就像有人描述的那樣：「作為科技進步的產物，全面採用原子時，意味著人們可以完全擺脫地球自轉與日月更替，孤獨地奔跑在向前的路上。」

也有人說，新世紀才過去 17 年就調整了 5 次了，是不是有點太頻繁了，改為「閏分鐘」吧！我們只想問一句，多給你的生命加了 5 秒，你有感覺嗎？

1.3.2 月圓月缺談談「月」

除去光芒四射的太陽，天空中最引人矚目的就是月亮了。月圓月缺，雲中出沒，既規律又神祕，帶給了人類「月」的印象。

月亮情懷

> 魄依鉤樣小，扇逐漢機團。細影將圓質，人間幾處看？
> ——〈月〉【唐】薛濤
> 移舟泊煙渚，日暮客愁新。野曠天低樹，江清月近人。
> ——〈宿建德江〉【唐】孟浩然

你隨便問一個人：中秋節為什麼吃月餅，他都能講出關於月亮的故事（圖 1.46）。可是作為距離地球最近的天體，你同樣去問這些人，他們知道月亮和我們的距離嗎？估計會有超出一半的人答不出來！華人的月亮情節更多的是文化和民族意識上的，似乎和天文學無關。可是，那一個高高掛在天上、圓圓的月亮，它是天體呀！

圖 1.46 野曠天低樹，江清月近人

　　月亮，是人們心目中的宇宙精靈，《史記·天官書》云：「月者，天地之陰，金之神也。」古人以「金、木、水、火、土」五行來說明四季，春屬木，夏屬火，夏秋之交屬土，秋屬金，冬屬水。秋天，月亮最明、最清晰，所以是「金之神」。古代天子春天要祭拜太陽，秋天要祭拜月亮。祭拜太陽是在早上，祭拜月亮是在晚上。

　　那麼在宇宙萬物中我們為什麼只對月亮情有獨鍾呢？大致原因有四：

（1）月亮是離我們最近、看得也是最清楚的天體，人們自然
　　　會十分關注它。

（2）月亮有明顯的規律性的形狀變化（上弦、下弦、月虧、

83

月滿、月食、月暈等）引來人們的好奇，讓人聯想到自己的命運。

(3) 月光的清和、明亮、素雅，符合華人推崇的善良、平和、中庸、含蓄的性格。

(4) 古代文人常常為了功名或生計，背井離鄉，辛苦輾轉，所以特別嚮往「圓」的事物，期盼「團圓」，而在異地的親人和我們是共有一個月亮，一個「團圓」的，於是以月寄情，抒發情感（圖 1.47）。

在中國文化裡，月亮一開始就不是一個普通的天體，它伴隨著神話世界的飄逸，負載著原始文化訊息的深刻，凝聚著我們古老民族深厚的生命情感和審美意識。

月亮基本上就是母親與女性的象徵。「一陰一陽是為道」。陰陽觀念是中國古代哲學的出發點，是先民對世界的最初認識和解釋。《禮記》中說：「大明生於東，月生於西，此陰陽之分，夫婦之位也。」大明即太陽，代表男性，意味著陽剛、強壯和力量；月亮代表女性，意味著溫柔、陰柔、溫馨、婉約和纏綿。

但願人長久
千里共嬋娟

圖 1.47 願花長好，人長健，月長圓

月亮的盈虧晦明循環，「暗示」了中國的天下大事，分久必合合久必分，三十年河東三十年河西，呈現出一種循環。而在相關於月亮的神話中，嫦娥竊取的不死藥及吳剛砍伐的月桂樹「樹創隨合」的奇異能力，都暗示著一種不死的生命精神。時間本是一條不斷往前的直線，但在中國哲學中被轉化為一條循環的曲線，陰陽魚太極圖就是明顯的展現，這對形成時空合一的宇宙觀和文化穩定性具有深遠的影響。老子說：「物或損之而益，或益之而損。」道家思想將自然現象提升到一種人生智慧。杯滿則溢、月盈則虧的道理已深入人心。

西方文化崇尚太陽，太陽神阿波羅（Apollo）在希臘神話占有顯赫地位。而華人對太陽神伏羲卻是疏遠的，「夸父逐日」與「后羿射日」神話反映的是對太陽的敬畏和抗爭，太陽往往是災難的製造者。而對月神女媧、嫦娥，華人則表現為親近、依戀和同情。

西方剛直、獨立、冒險與好鬥的陽剛文化精神對中國以家為本的柔弱、圓曲、尚靜與好粉飾的陰柔性格，形成了鮮明的對比。如果將西方文化比作陽剛的「日神性格」，那麼中國文化則可以說展現了陰柔的「月神性格」。

「月宮秋冷桂團欒，歲歲花開只自攀；共在人間說天上，不知天上憶人間。」尤其是在中華民族的傳統節日和重要的祭祀活動裡，月亮總是重要的角色，被賦予了許多民族精神和文化內容。

神化與詩化—月亮節的中國傳奇

在中華民族三大傳統節日裡，中秋節的形成雖然晚於春節和端午節，但如同春節和端午節那樣，中秋節不僅有屬於自己的神話傳說和民間故事，而且還有獨特的禮俗儀式和豐富的文化內涵。

圖 1.48 中秋月

中秋節的起源自古至今說法不一，但都離不開天上的明月和地上的收成。而在秋分日前後，太陽幾乎直射月亮朝向地球的那一面（表示日月的「關聯」最緊密？），所以月亮看起來又大又圓又明亮（圖 1.48），所以有人提醒大家：「祭月祭日不宜遲，仲春仲秋剛適時。」每逢中秋，民間大興祭月、拜月、賞月和玩月之風，久而久之也就形成了一種傳統的節日活動。而且在中國人的語言裡，很少直呼月球，而是像諸如月亮、月宮、蟾宮、白兔、娥影、桂影、桂魄、嬋娟、冰鏡、玉輪、銀鉤、明弓等頗為別緻文雅的稱號。那裡是一個寄託了無限幻想的詩情畫意的、可望而不可即的仙境。

人化與物化─團圓節的民俗心理

中秋是團圓的節日。據考證，自唐朝中秋節產生後，人們就有意地將月圓與家人團圓連結起來。唐代詩人殷文圭在〈八月十五夜〉中曾寫道：「萬里無雲鏡九州，最團圓夜是中秋。」在字面和心理上已把月亮圓滿與人間團圓連結起來。天上月滿星稀日，正是人間團圓時的聯想，無形之中強化了團圓意識。到了明代，文獻裡開始有了「團圓節」的記載。

在農耕文明的時代，雖然人口遷徙和異地謀生並不是社會生活的常態，但官員的升遷、士子的趕考、軍隊的調防、商人的貿遷和遊客的羈旅，也是難免的事情，在通信和交通尚不發達、交流溝通還不順暢的時代，人在旅途或身在

異鄉，在一年獲得收成的仲秋月明時節，睹物思人、情隨境遷，自然生發出思鄉念舊、親人團聚的情緒。中國文藝作品中大團圓的結局是最容易被人接受的，這就是有力的佐證。吃團圓飯、喝團圓酒，尤其是中秋時節的月餅，不僅製作得像八月十五的月亮一樣又大又圓又厚實，而且祭拜月亮神後家人分吃的要求也是大小均勻，每人一份，充分展現了大家庭的溫馨和大團圓的價值。

俗化與異化：豐收節的文化盛宴

中秋節除了拜月、賞月，以及由滿月引發的家庭團圓等與月亮有關的節俗活動外，還有一種易被忽略的慶賀豐收的習俗。八月中旬，新糧進倉，瓜果上市，敬供神靈，感謝恩賜，祈禱來年好收成，是很自然的事情。

秋收傳統與社神崇拜有關。古代人認為萬物生長，全靠地神的恩賜和佑助。古代中國人認為，社神是孕育農作物的豐產之神，主要職能是保佑風調雨順、莊稼豐收。周天子每年有三次常規的社祭：第一次仲春祈谷，春耕時節祭社，祈求這一年能得好收成，叫做「春祈」；第二次是中秋報謝，八月收穫時節祭社，向社神報告收成並感謝恩賜，叫「秋報」；第三次是年終祭社，慶祝一年的收穫，求告來年豐收。在朝廷舉行春祈秋報的同時，民間也舉行隆重的祭社活動。因此，春秋兩個社日成為很熱鬧的節日。

大月小月閏月

「一三五七八十臘，三十一天都不差。」這兩句歌謠是用來幫助人們記憶一年中每個月的天數的。7 個「大月」共計 217 天，365 減去 217 剩下 148 天，按照最早的羅馬曆法，大月 31 天、小月 30 天，就只能有 4 個「小月」是 30 天啦，這樣就有了一個「小小月 —— 二月」，每年只有 28 天，閏年時加一天是 29 天。可為什麼偏偏是二月呢？

實際上，我們這裡談的曆法，是公曆 —— 太陽曆。它最早起源於古埃及人的「天狼星曆」，也就是天狼星兩次「偕日升」所間隔的時間。埃及人發現，每當天狼星和太陽一起從東方升起時，過不了幾天尼羅河水就會氾濫，當河水退下去時，肥沃的「河灘地」很適宜農作物的生長（圖 1.49）。他們就把這一天定為一年的開始，相當於現在公曆時間的 7 月 19 日。開始測得一年的時間是 360 天，後來隨著觀測的進步，修訂為 365 天，相差的 5 天加在年尾，訂為年終祭祀日（也有說法是定為「狂歡日」，大家放肆地歡慶，忘記這 5 天）。這樣，一年分為三季，叫做洪水季、冬季和夏季。每季 4 個月，每月 30 天。

圖 1.49 天狼星在太陽升起之前一點點從東方升起時，
古埃及人就開始準備農具了

　　現代公曆最早出現在羅馬。不過，最早的「羅馬曆」是一種更接近「農曆（陰曆）」的曆法，一年只有十個月，餘下的六七十天為年末休息日。直到羅馬的第二個皇帝，參照了由埃及經希臘流傳過來的曆法，才將一年改為 12 個月，同時調整各月的天數，1、3、5、8 四個月每月 31 天，2、4、6、7、9、10、11 七個月每月 29 天，12 月最短，只有 28 天。根據那時羅馬的習慣，雙數不吉祥，於是就在最後這個月裡處決一年中所有的死刑犯。這個月在許多地中海國家，比如法國被稱之為「雨月」，每天下雨，很是煩人。所以都希望它短一些。

　　當凱薩（Gaius Iulius Caesar）第三次任執政官時，指定以埃及天文學家索西琴尼（Sosigenes）為首的一批天文學家制定新曆，這就是儒略曆。儒略曆的主要內容是：為保證歷

年平均長度為 365.25 日，設定每隔三年設一閏年，平年 365
天，閏年 366 天。以原先的第十一月第一日為一年的開始，
這樣，羅馬執政官上任時就恰值元旦。儒略曆每年分為 12 個
月，第 1、3、5、7、9、11 月是大月，每月 31 天。第 4、6、
8、10、12 月為小月，每月 30 天。第二月（即原先的第十二
月）在平年是 29 天，閏年 30 天，雖然月序不同於改曆前，
可是仍然保留著原來的特點，是一年中最短的月分。

　　儒略為了表示他自己的「功績」，把他出生的七月改用
自己的名字「Julius」命名，這個新曆稱為儒略曆。但凱撒死
後，那些頒發曆書的祭司們，卻不了解天文學家索西琴尼改
曆實質，以致把曆法規定中的「每隔三年設一年閏年」，誤解
為「每三年設一個閏年」。因此，從西元前 42 年到西元前 9
年就多設置了三個閏年。這個錯誤到西元前 9 年才被發現，
並由凱撒的姪子，羅馬皇帝奧古斯都下令改正過來。他宣布
從西元前 8 年至西元 4 年中不再設置閏年，而從西元 8 年開
始仍按凱撒規定，每隔三年設一閏年（圖 1.50）。同樣為了
留名，他把自己出生的八月改成自己的稱號「Augustus」，並
把這個月增加一日變成 31 日。這一日從二月分扣去，同時為
了不讓 7、8、9 三個大月連在一起，他把九月以後的大小月
全部加以對換。這樣一來，破壞了原來大小月相互交替的規
律，使本來很好記憶的單數月大、雙數月小的曆法，變得難
記難用了，以至於二千多年後的今天還受其影響。

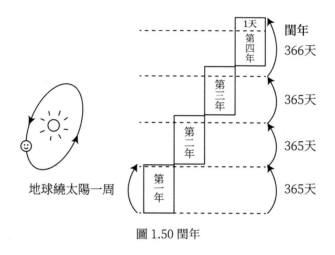

地球繞太陽一周

圖 1.50 閏年

當時都認為儒略曆是最準確的曆法。於是，歐洲基督國家於西元 325 年在尼西亞召開宗教會議，決定共同採用。但儒略曆並不是十分準確的曆法，它的曆年平均長度等於 365.25 日，比回歸年長 0.0078 日。

這個差數雖然不太大，每年只差 11 分 14 秒，但逐年累積下去，128 年就多出一日，400 年就多出三日。這樣從尼西亞宗教會議算起，到 1582 年已產生了 10 日的誤差。因此，西元 1582 年，羅馬教皇格里高裡十三世決定改革曆法，採用業餘天文學家、醫生利里奧的方案，每四百年中去掉三次閏年。其方法是：那些世紀數不能被 400 整除的世紀年（如 1700 年、1800 年、1900 年等）不再算作閏年，仍算作平年。並規定把西元 1582 年 10 月 4 日以後的一天算作 1582 年 10 月 15 日。日期一下子跳過 10 天，但星期序號仍連續計算：

即 1582 年 10 月 4 日是星期四，第二天 10 月 15 日是星期五。改革後的新曆法叫「格里曆」，全年天數是 365.2425 日，每年只比回歸年多 0.0003 日，經過 3,300 年才多出一日，比儒略曆精確多了。因此，世界各國都陸續採用了格里曆，也就是現行的公曆。如義大利、西班牙、法國西元 1582 年採用；德國、丹麥、挪威西元 1720 年採用；英國西元 1752 年採用；日本西元 1873 年採用；蘇聯 1919 年採用等。中國也於 1912 年改用公曆。

那麼，「西元」是怎麼產生的呢？它從什麼時候開始算起呀？西方國家普遍信奉基督教，信奉耶穌基督。所以耶穌降生的紀元前 284 年，就作為西元元年。也就有了西元前和西元後的說法。這種紀年法先是在教會中使用，到 15 世紀中葉，在教皇發布的文告中已經普遍採用，到西元 1582 年制定《格里曆》時，這種紀年法已經行用多時了，也沒再加以改變。

1.3.3 迎來送往「回歸年」

制定「月」的基本原則是月亮的一個繞地球週期 —— 月圓、月缺、月圓。不過，西方的曆法對月的制定就不是這樣的，對吧！這都是「依賴於」我們前面提到的 —— 華人的月亮情結！但是「年」的制定卻是東西方一樣的，一定要是「回歸年」，或者說一年必須要是四季的循環回歸（圖 1.51）！

「太陽年」、「恆星年」都是指的太陽和恆星的一年運動中回歸「春分點」的時間間隔。這樣的「回歸年」叫陽曆。而與之相伴的陰曆實際上也可以說是一種回歸，只不過是把月亮的十二次回歸記為一年罷了。總之，說的都是一種時間的輪迴。

圖 1.51 春蘭夏荷秋菊冬梅

陰曆陽曆陰陽曆

陰曆陽曆陰陽曆，繞口令嗎？這是目前世界上正在應用的曆法。一般來說陰曆也稱為「回曆」，流行於伊斯蘭教國家，亞洲的韓國及一些東南亞國家也有採用；陽曆也稱公曆，目前世界上大多數國家採用，主要是天主教國家。目前我們生活中常用的是結合「二十四節氣」的公曆，兼顧了太陽和月亮的週期，所以，稱之為「陰陽曆」。世界上零星的也有使用佛曆和希伯來紀年之類的和宗教有關的曆法，不過，多數只是在民間流行。

陽曆

也就是格里曆。自民國元年起採用陽曆，對應原來使用的農曆，陽曆又稱「新曆」。陽曆以地球繞太陽轉一圈的時間定為一年。共 365 天 5 小時 48 分 46 秒。平年只計 365 天這個整數，不計尾數。每年所餘的 5 小時 48 分 46 秒，直至四年約滿一天，這一天就加在第四年的 2 月裡，這一年叫閏年，所以閏年的 2 月有 29 天。一般來說，用 4 去除陽曆的年分，能除盡的就是閏年，像 2016 年、2020 年等都是閏年。但是，因為陽曆一年的確切天數應該是 365 天 5 小時 48 分 46 秒，比平年 365 天多出 5 小時 48 分 46 秒，四年一共多出 23 小時 15 分 4 秒。如果每四年一閏加一天的話，又多加了 44 分 56 秒，四百年差不多就會多加出 3 天來，所以，每四百年得扣去 3 天才行。故又訂了一條補充規定：每逢陽曆年分是整百的那一年，能被 400 整除的才是閏年，比如西元 1800 年、1900 年不是閏年，而 2000 年則是閏年。

陰曆

陰曆以月亮圓缺一次的時間為一個月，共二十九天半。為了算起來方便，大月定作 30 天，小月 29 天，一年 12 月中，大小月大致上交替排列。陰曆一年有 355 天左右，也沒有平年閏年的差別。陰曆不考慮地球繞太陽的運行，因而使得四季的變化在陰曆上就沒有固定的展現，不能反映季節，

這是一個很大的缺點。為了克服這個缺點，後來人們定了一個新曆法，就是所謂陰陽合曆。現在還在使用的夏曆（也叫農曆或陰曆）就是這種陰陽合曆。它跟陰曆一樣，以月亮圓缺一次的時間定做一個月，也就是大月 30 天，小月 29 天，可是它又用加閏月的辦法，使得平均每年的天數跟陽曆全年的天數相接近，來調整四季。陰曆約每過二三年多出一個閏月。

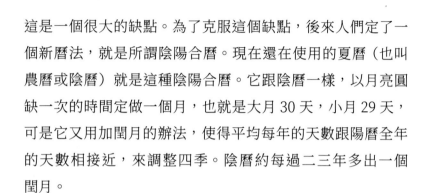

陰陽曆

也稱農曆。農曆是自殷商時代至中華民國成立，數千年中一直延用的一套曆法。其主要特點是以月相盈缺來確定一「月」的終始，並透過設置「閏月」來保證年的平均週期接近地球公轉的一個回歸年。農曆的一個平年是 12 個月，354 天或 355 天；閏年則是 13 個月，383 天或 384 天。

目前已知有記載的最早的農曆是春秋戰國至秦朝時期的「古六曆」（即黃帝、顓頊、夏、殷、周、魯共六種曆法，這幾種曆法的區別主要是歲首和四季的定位有所不同）。由於其定義一回歸年為 365 又 1/4 天，因此又稱四分曆。「古六曆」的特點是以 366 天為一歲，在有閏月的時候透過「正閏余」來調整週期，另外閏月也同時用來確定四時和歲的終始。這裡所謂「正閏余」是指：一年有 366 天，比起一回歸年的 365 又 1/4 天多出來約 3/4 天，把這 3/4 天稱之為「歲之餘」，而

在閏月的時候，要把這多出來的「歲之餘」給抹掉，即有「閏餘成歲」。這裡「閏」的最早意思其實是「減掉」，而非現在的「額外、加多」。對於置閏的時間則幾朝各有不同（這也是古六曆的主要區別），以商為例是以十二月為歲首，將閏月放在十一月之後，而秦則是以十月為歲首，將閏月放在九月之後。但閏月之後都是新一年的開始，即所謂「以閏月定四時成歲」。用閏月來確定一年的終始。

古六曆之後，中國農曆曾發生過一次比較大的變化，也稱為農曆的轉折點，這就是西漢時期頒行的著名的《太初曆》。《太初曆》是西元前 104 年（太初元年）漢武帝下令定改的一套曆法，也是現存最早的有完整文字記載的曆法。《太初曆》之於古六曆最大的改動是加入了二十四節氣以定農時，並確定了以《夏曆》正月為歲首（這也是現在的農曆有時被稱為《夏曆》的原因）。同時由於二十四節氣的加入，又有了在「無中氣」的月分置閏的規定，使得農曆的月分與四季的配合更為合理。再往後各朝各代雖然均有在時行曆法的基礎上進行修訂，但大多都是在《太初曆》的基礎上修修補補，再無太大的改動。

二十四節氣是曆法

二十四節氣是中國古代訂立的一種用來指導農事的補充曆法，是在春秋戰國時期形成的。由於中國農曆是一種「陰

陽合曆」，即根據太陽也根據月亮的運行制定的，因此不能完全反映太陽運行週期，但中國又是一個農業社會，農業需要嚴格了解太陽運行情況，農事完全根據太陽進行，所以在曆法中又加入了單獨反映太陽運行週期的「二十四節氣」，用作確定閏月的標準。二十四節氣能反映季節的變化，指導農事活動，影響著千家萬戶的衣食住行。

二十四節氣是根據太陽在黃道（即地球繞太陽公轉的軌道）上的位置來劃分的。視太陽從春分點（黃經零度，此刻太陽垂直照射赤道）出發，每前進 15°為一個節氣；運行一週又回到春分點，為一回歸年，合 360°，因此分為 24 個節氣。其中，每月第一個節氣為「節氣」，即立春、驚蟄、清明、立夏、芒種、小暑、立秋、白露、寒露、立冬、大雪和小寒等 12 個節氣；每月的第二個節氣為「中氣」，即雨水、春分、穀雨、小滿、夏至、大暑、處暑、秋分、霜降、小雪、冬至和大寒等 12 個節氣。「節氣」和「中氣」交替出現，各歷時 15 天，現在人們已經把「節氣」和「中氣」統稱為「節氣」。

圖 1.52 把太陽運行一週的 360°分成每 90°一個間隔。這樣就出現了四個特殊的時間點，「兩至兩分」。大約太陽每運行 15°為一個間隔，也就是 15 天左右就是一個節氣（所謂「節氣」，節指時節，氣指氣候。古人稱五日為一候，三候為一氣，即一個節氣）。由於一年是 365.2425 天除以 24 約等於 15.22 天，所以，每個節氣的時間也略有不同，冬天地球在近

日點速度快，每個節氣 16 天；夏天則是 14 天左右。

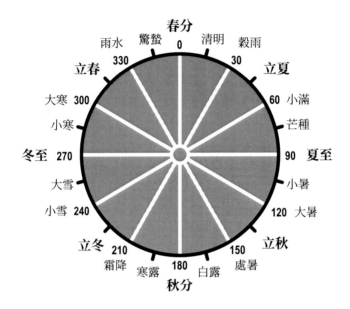

圖 1.52 二十四節氣

二十四節氣與太陽的運行、農業生產的週期，以及人們的四季生活嚴格「正相關」，是真正的「天人合一」。

立春、立夏、立秋、立冬

亦合稱「四立」，分別表示四季的開始。「立」即開始的意思。公曆上一般在每年的 2 月 4 日、5 月 5 日、8 月 7 日和 11 月 7 日前後。「四立」表示的是天文季節的開始，從氣候上說，一般還在上一季節，如立春黃河流域仍在隆冬。

夏至、冬至

合稱「二至」，表示天文上夏天、冬天的極致。「至」意為極、最。夏至日、冬至日一般在每年公曆的 6 月 21 日和 12 月 22 日。

春分、秋分

合稱「二分」，表示晝夜長短相等。「分」即平分的意思。這兩個節氣一般在每年公曆的 3 月 20 日和 9 月 23 日左右。

雨水

表示降水開始，雨量逐步增多。公曆每年的 2 月 18 日前後為雨水。

驚蟄

春雷乍動，驚醒了蟄伏在土壤中冬眠的動物。這時氣溫回升較快，漸有春雷萌動。每年公曆的 3 月 5 日左右為驚蟄。

清明

含有天氣晴朗、空氣清新明潔、逐漸轉暖、草木繁茂之意。公曆每年大約 4 月 5 日為清明。

穀雨

雨水增多，大大有利於穀類作物的生長。公曆每年 4 月 20 日前後為穀雨。

小滿：其含義是夏熟作物的籽粒開始灌漿飽滿，但還未成熟，只是小滿，還未大滿。大約每年公曆 5 月 21 日這天為小滿。

芒種

麥類等有芒作物成熟，夏種開始。每年的 6 月 5 日左右為芒種。

小暑、大暑、處暑

暑是炎熱的意思。小暑還未達最熱，大暑才是最熱時節，處暑是暑天即將結束的日子。它們分別處在每年公曆的 7 月 7 日、7 月 23 日和 8 月 23 日左右。

白露

氣溫開始下降，天氣轉涼，早晨草木上有了露水。每年公曆的 9 月 7 日前後是白露。

寒露

氣溫更低，空氣已結露水，漸有寒意。這一天一般在每年的 10 月 8 日。

霜降

天氣漸冷，開始有霜。霜降一般是在每年公曆的 10 月 23 日。

小雪、大雪

開始降雪，小和大表示降雪的程度。小雪在每年公曆 11 月 22 日，大雪則在 12 月 7 日左右。

小寒、大寒

天氣進一步變冷，小寒還未達最冷，大寒為一年中最冷的時候。公曆 1 月 5 日和 1 月 20 日左右為小寒、大寒。

第 2 章
效仿天命是人類本能的「命理思維」

　　星相學（圖 2.1），中外皆有之。是一門伴隨著人類文明的產生和發展而起並流傳的一門古老的「學問」或者說是「技藝」。但它不屬於科學，究其原因，首先它不能被社會和自然所驗證；其次，它所賦予的各種理論解釋，均來源於人的主觀思考，無法像科學理論一樣可以應用於生活和實踐；最重要的是，星相學的起源，包括它的繁盛，都是得益於人們對大自然、對社會倫理法則的認識不足，解釋不清。所以，隨著科 學和社會的進步，它當然會越來越失去它原有的市場。

圖 2.1 星相學更接近心理學

那麼，人們肯定就會問：既然不是科學，是科學家所說的「迷信」，落後的東西，為什麼它還流傳了好幾千年呢？好吧，我們說它不是科學，但它是一種文化，就像唱歌跳舞一樣，可以給人們帶來「消遣」，當然會有人需要了。實際上，延續我們前面的說法，星相學應該是「天人合一」思想在人身上、想法中的一種體驗、一種生活的體驗！

2.1 天文學星相學 300 年前是一家

一般來說，星相學指的是西方的「占星術」之類的知識。在中國，星相學通俗的說法是「占卜算命」。西方的星相學和天文學「同源」，而我們的占卜算命屬於「術數」一類，基本上來源於祖先的生產生活實踐。我們先說西方的。

2.1.1 星相學的起源和發展

星相學亦稱「星像學」、「占星學」、「星占學」、「星占術」。是一種根據天象來預卜人間事務的方術。

今天人類的直系祖先是在 10 萬年至 15 萬年前陸續從非洲大草原走出，逐漸分布到世界各地。約 1 萬年前，一些地方陸續進入農業定居社會。出於追逐野獸和採集食物的需要，人們注意到了自然節律，特別是草木生長，動物繁衍，日月星辰的運行之間的關係。與其他被動適應自然的物種不同的是，人類特有的好奇心促使人們追問世間萬物之間的關係，尤其是明亮的日月星辰對地上事物的影響。

風、雨水、陽光都能決定（影響）農作物和牧畜的生長繁殖，光芒四射的太陽、神祕的月亮、周天「巡遊」的行星當然能夠告訴（影響）我們更多的東西啦！

實際上，「占星術（學）」是占卜術的一種。占卜是人類在無力掌握自然規律的情況下，希望借助某種符號的變化來

窺測神靈的意願的一種過程。占卜所用的符號有很多，沒有必然性。用竹籤蓍草、陰陽八卦、撲克牌、塔羅牌、星座行星，或者灼燒之後的甲骨，或者剖開羊的內臟，都可以人為規定一套規則。占卜的符號和規則越複雜，就顯得越高級。占星術以神聖天體的名義，結合複雜的「天體屬性」去預測「人的屬性」，不是就更加吸引人了嗎？所以，即便屢經打擊，但利用大眾的盲目崇拜，占星術還是成功地生存至今。

更何況，占星術和天文學真的是同根同源的。它們的研究對象都是天體（天象），都需要觀察、解釋。古希臘時代，天文學大師托勒密便提出，星空中的科學分為兩大類：理論性的和實用性的。西元7世紀，被稱為「聖師」的聖依西多祿（San Isidro，西班牙6世紀末7世紀初的教會聖人，神學家）正式為兩個部分分別命名，理論性的一支命名為天文學（Astronomy），實用性的一支命名為占星術（Astrology）。相同的「Astro」詞根有不同的後綴，後綴「nomy」有規則、法理的意思，而「logy」則是演講、言語的意思。難道說「聖師」當時就明白，天文學家要靠觀測和理論研究為主；星相學家要靠「嘴皮子」養家？

圖 2.2 古巴比倫人以及後來的迦勒底人一直都相信「天意」

　　西方占星術，起源於兩河流域的巴比倫（圖 2.2）。這裡是最早產生人類文明的區域之一，也是古代民族競爭最激烈的區域，不同的族群浪潮一般地一波接一波湧向這裡，文明與戰爭交替發展。是呀，陽光雨露決定收成，也決定命運，人們對於天空日月星辰的敬畏，驅使他們去探索天上與人間所發生事件之間的關聯，占星術就是他們對空間與時間、天體運行與人類命運之間關聯的理解。巴比倫人用占星術來預測旱澇、收成、瘟疫和戰爭，也用來預測新生兒的個人命運。收成也和陽光雨水有關，而這一切的運行替人們帶來了溫飽。因此行星（代表諸神）在天上的運行位置，被他們視為諸神處理人世問題的態度，當行星的運行可以被解讀時，他們就能夠了解神明即將為人間帶來的是福或是禍。他們當中的祭司，就成了向君王報告日食與月食的先知，並扮演了詮釋其吉凶禍福的重要角色。

　　西元 1850 年考古學家在伊拉克北部的古城尼尼微
（Nineveh）發現了「金星書卷」，這是一套以楔形文字書寫的
泥板，經過解讀後，發現泥板上記載的是一段有關金星位置
與君主健康的占卜描述，而這塊泥板也被視為巴比倫人使用
占星術的最有力證據。這套泥板在經過鑑定後，確認其製作
時間大約是在西元前 2300 至 1700 年，在《漢摩拉比法典》
（圖 2.3）制訂之後產生。其中有一段相當精彩的文字：「如果
金星出現在東方的天空，被白羊座月亮與大小雙子座四者包
圍，而且又黑暗，則阿拉姆之王將會生病且無法活下去。」

圖 2.3 《漢摩拉比法典》

　　迦勒底人的占星術，借由商業與文化的交流傳入埃及，
在許多後期的金字塔陵墓壁畫中，都可以看到迦勒底人黃道

十二宮的影子，不過埃及人也將部分星座符號用他們較為熟悉的圖騰代替，例如，將原本的一男一女面對面手掌相貼的形狀變成雙子座的代表符號；天蠍座則以埃及的聖甲蟲替代；而洪水氾濫的季節正好也是水瓶座出現在天空的時刻，於是埃及人直接用水紋符號，取代水瓶座的挑水夫。

西元前一千多年占星術傳進了愛琴海的領域，之後的一千年間，雖然占星術在希臘與羅馬世界仍廣受歡迎，但占星術與天文觀測的發展卻沒有很大的變化。

到西元前 4 世紀，亞歷山大大帝統治了整個地中海地區，進而促進了整個區域的文化融合，波斯、埃及與猶太人的宗教與哲學，也影響到了占星術的發展。隨著「地心說」宇宙體系的完善和傳播，星相學家認為「人體就是一個小宇宙」（圖 2.4），使得占星術逐漸走出宮廷，從原本的君國解釋天意的功能，轉而發展出個人占星圖的繪製與解讀，而這也就是今日占星術能夠傳播如此廣泛的起因。

古希臘人把天文學和占星術發展到史無前例的精密程度，這時兩種學問依然是一家。地心說的創始人，《天文學大成》一書的作者托勒密，就有一部關於占星術的經典著作《占星四書》（圖 2.5），哪怕就是現代社會，想當星相學家，這套書也是「入門課程」。托勒密認為「人類既然能夠預測季節，就不難對自身的命運和秉性作出類似推測 —— 即使在一個人的胚胎形成時期，我們也可以感知此人的性情、體型、

心智容量，以及日後的禍福」。《占星四書》討論了天體的性
質、位置計算，以及占星術在選擇吉日、氣象預測、健康壽
命、婚姻生活、旅行方面的內容，長達數百頁。

圖2.4 人身小宇宙，宇宙大人身

圖2.5 托勒密

　　約在西元 5 世紀後到 13 世紀，因為歐洲連年的戰亂，幾乎讓所有重要的文獻付諸戰火，而保留在教堂的著作也因為基督教的禁令沒人敢碰，許多重要典籍甚至因為皇帝的命令而被燒燬，占星術的發展在這時候也幾乎完全停止。與此同時，原本隸屬於羅馬帝國的埃及與小亞細亞地區成為阿拉伯人的天下，他們大量且快速地吸收了古典時期的學術，不僅將許多希臘文著作翻譯成為阿拉伯文，更在 9 世紀在巴格達城建立了圖書館，收藏西方古典時期存在亞歷山大城的書籍，占星術也因此又一次進入了阿拉伯人的世界。直到文藝復興時期，這些文獻才又從阿拉伯文譯回拉丁文並重回歐洲。而阿拉伯人對占星術的貢獻，不僅僅是保存與翻譯典籍，在占星術的研究上也有著許多傑出的貢獻。比如就是現代占星術也在應用的「阿拉伯」點（圖 2.6）就是那個時期開始應用的。

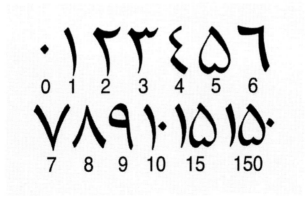

圖 2.6 「阿拉伯」點

圖 2.7 阿布 · 馬謝爾

　　在中世紀前後的一段時間，占星術受到基督教的鎮壓幾乎已經消失殆盡，只剩下黃道上的符號出現在中世紀所使用的曆法上，占星術在歐洲沉寂了一段時間之後，又藉著阿拉伯人的著作回到了歐洲，12 世紀阿布 · 馬謝爾（圖 2.7）的作品《天文學入門》被翻譯成拉丁文進入了歐洲，展開了占星術的另一個階段。

　　阿布 · 馬謝爾是希臘哲學家，是被稱為「學問之父」的亞里斯多德的大弟子，中世紀星相學在歐洲被壓制時，是他的努力使得星相學在阿拉伯地區得以持續發展，不過，由於他喜歡煉金術，偏重於神祕主義，所以在阿拉伯人和後來埃及人的神祕哲學的影響下，「回流」歐洲的星相學就增加了許多神祕主義的色彩。

　　西元 1125 年波隆那大學將占星術列為正式的學科，可見

得占星術逐漸在中世紀社會中發生了一些影響。此時占星術的發展大致上可以分為三個方向：以解釋出生圖對人影響的「決疑占星學」（judicial astrology）；以占卜為主的「時辰占卜占星」（horary astrology）；還有以預測自然界與社會大事件為主的「世俗占星學」（natural and mundane astrology）。

　　到了 13 世紀占星術逐漸恢復了以往的勢力，從許多當時的文學著作中就可以看見占星術的影響，而占星家也再度成為社會的寵兒。神聖羅馬帝國的腓特烈二世（Friedrich II）在位時，身邊就常跟隨一批占星家，最著名的就是他對占星師米歇爾‧史考特的測驗，他要求米歇爾‧史考特猜他今天會從哪個城門出城，占星家把答案寫下後封好，要求國王出城門後再打開。狡詐的腓特烈二世故意不走原本的城門，硬是在城牆上弄出個洞再從中走出來。出了城堡之後腓特烈二世打開封條，上面寫著「國王今天將會從一個新的出口出城」。米歇爾‧史考特也因此成為中世紀知名的占星師，並和另一位 13 世紀備受貴族器重的占星師基多波那提齊名。基多波那提所寫的《天文學之書》是 13 世紀相當重要的拉丁文占星著作，他本人也備受貴族們的器重，甚至要他在出征時挑選吉時。

　　有些哲學家或是神學家也開始接受占星學，其中最著名的就是 13 世紀的哲學家大阿爾伯特（Albertus Magnus），他的主要研究與論述是關於古典時期的亞里斯多德學派，也因

此對占星術有不少研究。他試圖減少占星術的異教色彩，降低占星術與教會的衝突。他認為行星對於人間事物有一定的影響力，這當然是受到古典哲學當中「天上如是，人間亦然」的影響，並且認為受過正統訓練的占星師，能夠在上帝所允許的範圍內預測未來，並不會和自由意志相衝突。

文藝復興時期可以說是占星學的全盛時期，文藝復興在歷史學上的定義就是歐洲人試圖恢復以往希臘羅馬時代的人文精神，此時無論是社會或是歐洲的宮廷與教會，都瀰漫著一股占星的風氣，從喬叟（Geoffrey Chaucer）的《坎特伯雷故事集》和莎士比亞的著作中，我們就可以看到占星術在當時是如何左右人們的生活與思想的。

在民間原本用來指引農民種植農作物的月曆，因為占星術的關係發展得更為細緻，利用每天月亮與行星的位置，作出生活指南的農民曆。就像是今日的每週或每日星座運勢分析，提供何時適合旅行，哪一天適合結婚等建議。在文藝復興時代醫療占星術也特別興盛，在農民曆中就詳細記載了何時適合放血或接受醫療等訊息。

這種占星風潮在宮廷和教會中也同時存在，此時占星學已經逐漸獲得教會的承認，甚至有許多教皇本身就著迷於占星術，進而學習或延請占星家來替他們選擇黃道吉日加冕或頒布法律。教皇保羅三世在發布他的宗教法對抗新教的宗教改革時，就曾經請占星家選擇良辰吉時。教會的推波助瀾，

使得占星術發展得越來越興盛。

英國的伊麗莎白一世（Elizabeth I）與占星家約翰 · 迪伊（John Dee）就關係密切，甚至連國事都找他商量，約翰 · 迪伊畢業於劍橋大學的三一學院，是劍橋大學的希臘文講師，對占星與魔法和煉金術都有著相當大的興趣。

丹麥的宮廷占星師天文學家第谷精準地從占星中預言了瑞典國王古斯塔夫入侵德國的事件，第谷是丹麥的宮廷占星家，本身也是貴族，王室支持他在帝紋島建造天文臺用於占星觀測。克卜勒在第谷死後接任了宮廷占星師的職位，令人為難的是，他的科學精神與當時的占星觀點有著許多衝突，這些矛盾也令他說道：「天文學這個聰明的母親，可是卻無法不依靠占星術這個愚蠢的女兒活下去」，這句話一直被反對占星術的人拿來作為攻擊星相學的工具。不過，克卜勒其實承認星體對人世間的確有所影響。與其說克卜勒不相信占星術，還不如說他試圖將占星術變得更具有科學性。克卜勒將占星導向了更貼近於實際星體的觀察與解釋，他也使用許多特別的相位來詮釋星盤，這些思想都對日後的「漢堡學派」有啟發作用。

17 世紀之後，占星術在西方逐漸開始沒落。理性主義的興起與科學革命的出現，從哲學的根本與科學的觀點挑戰了占星術，牛頓的《自然哲學的數學原理》一書的出版和伽利略天文望遠鏡的發明，帶動了更精確的天文觀測，也為天文

學打下了扎實的基礎，科學革命將社會的焦點轉移到了天文學上，此時的占星術開始沒落。

占星術一直到 19 世紀才開始重新被重視，19 世紀「通神學」與「神祕結社」的興起是占星術能夠再度興盛的關鍵，魔法及宗教的研究，結合了科學概念的電力、能量、磁場的概念，雖然模糊但也慢慢地都加入占星家的思想當中，這當中最著名的就是艾倫‧里奧，艾倫‧里奧（Alan Leo）在加入「通神學會」後創辦了一份十分暢銷的占星雜誌，在從事占星的過程中他寫了三十本關於占星術的教材，有人稱艾倫‧里奧為「現代占星術之父」。經由他的影響，現代占星術在歐洲與美國成立了協會以及學院，讓占星的研究更具系統化。

在英國，查爾士‧卡特受到了艾倫‧里奧的影響，加入了通神學會並替他工作，他與許多通神學會裡的占星師共同合作成立了英國占星學院，並成為第一位英國占星學院的院長。該學院的另一位院長瑪格麗特‧荷恩則著有占星術教材，到今日仍備受重視。

此外，因為科學研究的昌盛，許多占星術的研究者也不得不順應這股風氣，嘗試著與科學結合。而許多科學家或許是為了質疑占星術的可信度，也紛紛開啟了眾多實驗。特別是在 19 世紀末期，心理學受到佛洛伊德（Sigmund Freud）等人的宣揚，成為一門吸引人的新興科學。此後由於榮格（Carl Gustav Jung）（圖 2.8）對神祕學當中的煉金術與占星術特別

著迷,他把許多研究經歷放在了心理學與占星或是煉金術的領域裡討論,這也許就是今日歐美相當流行的「心理占星術」最初的源頭吧。

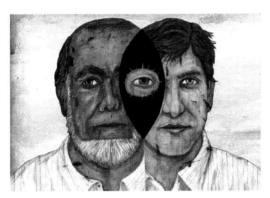

圖 2.8 佛洛伊德和榮格

受到榮格的影響,許多歐美的占星師紛紛掛起心理占星學派的名號。無論他們是否修過心理學,但仍然大量地使用心理學詞彙,例如「非因果關聯性」(synchronicity)、「原型」(archetype) 等心理學用語,來裝點他們的星圖與解釋。

1980 年,英國占星師奧莉薇・雅巴克利,更將原本式微的「時辰占卜占星術」進行了系統化教學的整理,因而獲得了英國與國際占星師協會的認可,更帶動英國的占星界將其教學品質系統化,並紛紛組成占星教育學會。目前歐美的占星界更是屬於百花齊放的狀態,從新興的「漢堡學派」到古老的「印度占星學」,從「心理占星學」到傳統的「時辰占卜占星學」都有。

2.1.2 星相學所依據的法則

讀到這裡，我們不禁要問，星相學有用嗎？它能告訴我們什麼呢？如果它什麼作用都沒有，那為什麼還能存在幾千年？

一個占星師兼作家這樣告訴我們：「一個人瘋狂和不正常的程度取決於他的個性和他的本質之間的分歧程度。一個人對自己的了解與他真實的樣子越接近，他就越擁有智慧。他對自己的想像跟他真實的樣子相差越大，他就越瘋狂⋯⋯」

多麼深刻的描述呀，有很好的警示作用。可是，認識自我，能看清真實的自己，這可是一個人或者是整個人類最大的願望和追求。我們能做到嗎？占星術真的能讓我們看清自我，為我們指一條明路嗎？

占星術也不想擔任這麼關鍵、重要的角色，一個聰明的占星師告訴我們：「哪有什麼『注定』呀？有多少人，甚至是那些占星師都被誤導了，認為只要看清了我們每個人的『星盤』，就可以一勞永逸地沿著上天指引的方向愉快地、大踏步地走下去⋯⋯」

他清醒地告誡我們：「如果以健康的形式存在，占星術可以是人類最珍貴的夥伴，它是最古老的心理治療術。但是，逐漸地，『幫助別人』這個目標被『引人驚奇』這個欲望所取代了。」

是的，懶惰和依賴感是人類的天性，誰不想清晰地、安安穩穩地有一個「高人」給自己指一條人生的「明路」呀。大家都希望占星師能給我們帶來這個「驚奇」。

「占星為我們帶來的不是答案，而是問題，而我們可以給出自己的答案。」這個聰明的占星師接著說，「占星術提供的只是地圖，如何在這個地圖裡航行則是我們自己的事。」這是每個人一定能夠做到的，因為「我們每個人都有一種『讓我的生活變得不一樣』的渴望」。

占星術很神祕，就像煉金術一樣。有一句古老的煉金術格言是這樣說的：未知的必須借由更深的未知來獲悉，隱晦的必須借由更隱晦的來明瞭。

占星師進一步告訴我們：「天空，對天文學家來說它只是一種存在。至於它的含義——那是詩人和哲學家會去探討的問題，而不是天文學家。天文學家和占星師之間的區別在於：天文學家想要知道天空的形態，而占星師想要探尋它的含義。占星術是天文學的詩歌，它在意的是意義而不是結構。它在意的並不是天空是什麼，而是它在對我們說什麼。」

我們可以理解為：星空、太陽、月亮、星座對星相學來說，只是一種存在（工具），它在那裡就是了，至於怎麼解釋它們的存在，那是我們占星師的事，我們說了算！至於為什麼選中星空、選中各種天體，而不是別的什麼，那是因為它們足夠「神祕」。

不過，占星師也「很謙虛地」告訴我們，占星術能夠幫助我們的只有三點。它能告訴我們「自己所能達到的最快樂的生活是怎樣的」；它能告訴我們「為達到那裡都有哪些工具可以使用，以及如何使用它們」；當我們走偏了的時候，它能夠提前警告我們「自己的生活可能變成什麼樣子」。而選擇權在我們自己手上。

　　在星相學業界有一個「荷米斯（Hermes）祕密教誨」。據說是由字母、天文學、數學、占星術和煉金術的鼻祖荷米斯制定的，都是由老師以口耳相傳的方式傳授給學生，而且是只透露給那些來自遠方、有誠意認真學習的學生。一般稱之為「凱巴萊恩密教」，其中有 7 個占星學的宇宙法則。

唯心法則（The principle of mentalism）

　　這個法則可能是最不容易理解的，或許應該先擱置一旁。簡而言之，這個法則指的是宇宙萬物皆為「一切萬有」（All That Is），唯心所造。這個法則涉及的是上主的無限性和永恆性，因此對大部分人而言是不可知的議題。

上下一致法則（The principle of correspondence）

　　它指的是天上如是，人間亦然；也可以說內在如何，外在就如何。換句話說，在物質次元發生的事，源頭乃是在心智和靈性次元。身體上的現象往往是源自於內心，它們反映出了彼此。所謂大宇宙和小宇宙的概念，就是上下一致法則的例子之一。

能量振動法則（The principle of vibration）

這意味著沒有任何事物是靜止的，萬事萬物都在不斷地變動。即使是地球 —— 這個感覺上十分堅實的東西，也是不斷繞著太陽和自己的軌道運轉。哲學家和科學家自古以來一直在敘述相同的一件事：亞里斯多德曾說過，一切事物都在運動中，但我們一直忽略了這個事實；赫拉克利特（Heraclitus）（圖 2.9）也曾主張，世界就像一條川流不息的河，因此你不可能兩次都踏進同一條河中。所有的事物都在振動，或者說都有其振動頻率，改變振動頻率就能改變外在現象。最高振動頻率的水就是蒸汽，振動頻率最低的水則是冰；水借由頻率的改變而呈現不同的形狀。

圖 2.9 赫拉克利特

兩極或二元法則（The principle of polarityorduality）

此法則是指一切事物都有對立面，而對立的兩面本質上是相同的。以上和下、黑暗與光明的概念為例，事實上根本沒有所謂的上，也沒有所謂的下；它們是相對性的存在。這種二元法則也可以用在情緒層面，譬如愛與恨、喜悅和沮喪都是一體兩面。

週期循環法則（The principle of rhythm）

這個法則的意思是，萬事萬物皆有週期循環，譬如潮汐有退潮，也有漲潮。萬物皆有出入和升降，也都會經歷誕生、成長、毀壞和死亡；死亡既可以看成開端，也可以當成結尾。生命的週期循環有數千種，每一天的變化、每一次的呼吸，都算是一個循環。有的生命的週期循環只維持幾秒鐘，有的則維持數百萬年。如果每個人都接受了這個可謂十分明顯的真相，那麼我們就得承認一切事物都會經歷誕生、成長、毀壞和死亡，當然也包括地球在內。

因果法則（The principle of causeandeffect）

這個法則指的是每個因都會造成一種果，每個果也都有它的因。萬事萬物都按照這個法則運行，因此並沒有所謂的「巧合」（coincidence）。每個肇因都有許多層次，連那些看似意外的事件，也是由某種因素或多重因素造成的。因果法則

也可以定義成「影響力法則」（The law of consequence），因為每個思想、行為或事件都會產生反彈力，即使是一閃而逝的念頭，也會促成一些行動。所以我們的話語和行動無論多麼瑣碎，都會造成一些結果，影響到一些事情，而那些受到影響的事物，也會反過來影響其他的事物。每一個心念、情緒或生理反應，都會投射成外在的結果，而那股能量也會彈回到我們身上，就像回力棒一樣。

在東方世界裡，因果法則即是所謂的「業力」（karma），而且不只是顯現在這一輩子裡。按照邏輯推演下去，自然就產生了輪迴轉世的概念。許多占星師不一定相信輪迴轉世，其實接受因果法則不代表必須相信輪迴轉世的概念。輪迴觀主張肉體只是一個載具，當肉體死亡時，靈魂會脫離肉體，然後獲得重生。身體被視為一具讓人活出靈魂使命的工具，每個人在每一世裡都會收穫過去世播下的種子，同時也會再度播下未來世將收成的種子。因此根據轉世法則，我們的思想和行為總會反彈到我們身上，包括這一世及未來世，所以每時每刻我們都在創造此生的下一個階段，以及未來的多生多世。雖然我們過去世的行為留下了一些遺產，而且帶來了某種程度的局限（這種局限可以定義為我們的命運），但我們仍然可以改變未來的命運。雖然我們無法改變過去已經發生的事，但仍然可以改變面對眼前事件的態度，因為改變態度和想法，就能改變行為和命運。

123

陰陽法則（The principle of gender）

這個法則指的是一切事物都有陰陽兩面。陽的這一面是外向的、積極的和煽動的，陰的這一面則是內向的及帶有接收性的 —— 當然，這包括了身心靈三個層次。即使是和一個人交談的過程，我們都可以看到其中的陰陽法則。說話的那一方表現的是陽性模式，聆聽的那一方則表現出陰性模式。在占星術裡面，火象和風象星座代表的是陽性法則，土象和水象星座代表的是陰性法則。在行星方面，太陽和火星顯然帶有陽性特質，月亮和金星則顯然帶有陰性特質。

總而言之，每個人看待世界的方式都不一樣，詮釋的方式也不相同。占星師的任務就是讓人們從更大的視野來理解事物，來認識世界。不妨把「天宮圖」看成是一張生命地圖，而占星師只是一個解圖者。地圖可以讓我們注意到以往忽略的事情，也能幫助我們看到自己與一切事物的關聯，或者幫助我們發現屬於自己的道路。占星師的工作能讓我們尋找人生方向的過程變得比較容易一些，並不意味著他就能告訴你該向哪個方向走。最重要的是幫助你認識到自己目前所處的狀態，看清楚自己當前的形勢。而占星師會幫助你發現目前情況的內在真相是什麼。用各種方式來增加我們對事物的覺知，讓我們更加清醒，更能夠意識到自己的位置和狀態。

2.1.3 為你安排人生？憑什麼！可靠嗎？

占星，即使不能告訴我們現在或者未來，哪怕就是像上面的那位「聰明的占星師」說的，為我們畫（規劃）一張「人生地圖」，占星師來充當解圖者。我們也都會額手稱慶啦！可現實和生活告訴我們，人生的方向還是要自己選擇，路還是要自己走。科學和大自然也告訴我們，事物的發生發展有它自有的規律性，而科學（研究）的目的就是去不斷地探尋這些自然的或社會的規律。甚至當今知名的占星學家也會說：占星相對科學來說，它更接近於巫術，而巫術是一門意識上的技術。

那麼，星相學真的可靠嗎？為什麼它不屬於科學的範疇？如果它就是「迷信」，是荒唐而落後的東西，那它為什麼還會存在幾千年，而且當今居然還是那麼流行（比如占星、星座文化）呢？

星相學，可以說是占星師觀測天體，日月星辰的位置及其各種變化後，作出解釋，來預測人世間的各種事物的一種方術。

占星術認為，天體，尤其是行星和星座，都以某種因果性或非偶然性的方式預示人間萬物的變化。占星術的理論基礎存在於西元前 300 年到西元 300 年，大約 600 年間的古希臘哲學中，這種哲學將占星術和古巴比倫人的天體「預兆」結合起來，占星術家相信，某些天體的運動變化及其組合與

地上的火、氣、水、土四種元素的發生和消亡過程有特定的連結。這種連結的複雜性，正反映了變化多端的人類世界的複雜性。這種千變萬化的人類世界還不能為世人所掌握，因此，占星術家的任何錯誤都很容易找到遁詞。

　　古人將星星當成神仙的住所或神喻，現在既然發現了星座的升起伴隨著季節的變化（相關性），那麼就很容易把星座當成了導致季節變化的原因（因果關係），進而認為可以透過觀察星座預測世事（圖2.10）。的確，用星座的變化來預測季節的來臨是絕不會不準的。占星術就因此誕生並很快地流行開來。巴比倫人還觀察到有些星辰不像恆星那樣固定不動，而是在空中漫遊，如行星、彗星、流星。因此，他們又得出結論說，這些變化無常的星辰，決定著變化無常的人間萬物，透過觀察星辰運行，可以預測人事吉凶禍福。

圖 2.10 某個特定星座的偕日升起，就可以作為季節來臨的標誌

這裡，關於占星術可不可靠，我們先探討幾個問題。

首先，是什麼（科學）原理讓占星有效？

「占星學和磁力學有關嗎？」、「是不是占星是一個尚未被發現的自然領域的事物，而最終會被納入到科學的領域中去呢？」

現代科學從 17 世紀開始，就一直否認超距作用，認為除非兩個事物透過一種已經被科學確認的力或場的作用，兩個事物之間不能完成任何互動。已確認存在的有：強相互作用力、弱相互作用力、萬有引力和電磁力等。而在愛因斯坦時代後，將這些力的作用加上了一個限制，就是在光速以下。而即時互動（instantaneous interaction），則被認為是不可能的。

而占星學界為證明占星合理也在作各種嘗試：他們或者認為占星自成體系，完全建立在一種全新的基礎上；或者認為真正在占星中有影響作用的是一種現代科學尚未發掘的新的力的形態，雖然未知，卻遵守物理規則。後面一種思路甚至和量子物理學家海森堡（Werner Heisenberg）提出的「量子不確定理論」扯上了關係。

量子力學的發展是在兩次世界大戰之間。量子力學發現，當一個物理個體的形態比原子還小，處於亞原子狀態時，經典物理學的一些理所當然的理論就變得不再適用。大於原子的物體，用經典物理學觀點，可以很容易在任意給定時刻確定它們的位置和測量它們的動量。而小於原子的物體，則不能。

這種測量對於 20 世紀以前的經典物理學非常重要，因為如果一個人可以測量出宇宙中所有物體的位置和動量，那麼透過推論就可以確定所有物體過去的情況和未來的情況。這個理論就是所謂的「決定論」（determinism）。在這種理論基礎下，任何無法確定的事物，例如自由意志與自由選擇，都是根本不可能存在的。很多大力抨擊占星術的人，說它強調定論、命運，否認自由意志與自由選擇；可是物理學上這個更加過分的完全抹殺自由意志與自由選擇的理論，卻並沒有多少人提出過質疑。

但是實際上，當物質形態處於亞原子狀態，例如光子、電子形態時，人們就會發現，在某一個特定時刻，或者可以確定它們的位置，或者可以測量出它們的動量，但絕不可能同時做到這兩點。如果要測量動量需要改變其位置才可以做到，反之，需要確定位置則必須動量有改變。經過長時間的反覆努力，科學家們終於明白，這種無法確定並非是技術條件達不到所導致的，而是這兩點絕不可能同時做到。事實上，即使在理論上，這兩點也無法同時做到。這一點，就是物理學上著名的量子不確定理論，或稱之為「測不準原理」（圖 2.11）。

經過一番推理計算，海森堡指出：「在位置（x）被測定的一瞬，即當光子正被電子偏轉時，電子的動量（p）會發生一個不連續的變化，因此，在確知電子位置的瞬間，關於它

的動量我們就只能知道相應於其不連續變化的大小的程度。於是，位置測定得越準確，動量的測定就越不準確，反之亦然。」

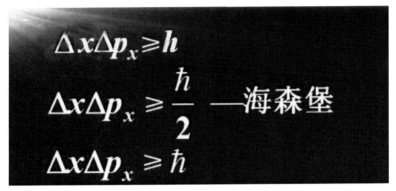

圖 2.11 測不準原理

量子不確定理論，摧毀了經典物理學的「決定論」的理論基礎。它雖然沒有直接證明自由意志的存在性，但它也並沒有否認自由意志的存在。作為自然科學基礎的物理學定律是這樣的，星相學當然也可以是一種在某種影響下的「決定論」。

實際上，隨著科學條件的成熟，實驗結果顯示，粒子的運動真實地遵循了海森堡理論。粒子之間並不是處於所謂的「自由意志」狀態，它們之間存在著即時互動（instantaneous interaction）作用，兩個粒子既好像仍然處於互動中，又好像它們的活動已經以超過光速溢出。因此有人提出一個理論，事實上粒子一直處於一種游離狀態，因為它們實際上並不存在於任何特定位置。這就是最終的量子不確定理論。它告訴

我們，當兩個量子系統處於一個糾纏態時，不管它們在空間分開多遠都不能被看作相互獨立的。它的證明對量子力學以及量子訊息科學都具有重要意義。

而家則據此認為：那就是說瞬間即時信號可以真正實現超距作用，從而徹底改變人類的宇宙與空間的概念！簡而言之，這種量子不確定理論，為所有的玄學、神祕學中的神祕影響力提供了一個最有可能的解釋。

也就是說，天上的那些星體，完全可以對我們實施某種「即時信號」的「超距作用」。真的可以嗎？

首先，這種理論的研究範圍是亞原子狀態的量子，我們無法隨意將亞原子狀態的性質推論到人類行為以及其他一切宏觀事物上去。事實上，近代物理學早就認識到，牛頓開創的經典物理學只適合於「低速宏觀」的物體，當我們面對原子尺度的粒子世界（也稱之為微觀世界）時，經典物理學就不能被精確適用了，此時「替代」它的是量子力學，而當我們面對星系尺度的「宇觀世界」時，「替代」它的就是愛因斯坦的相對論。

可是占星大師們依然在設想：一些時候，人們的意識與思維的進行方式，的確很像亞原子的量子形態的運動方式，充滿了不確定性。不管怎樣，量子力學的誕生是科學界的一次徹底革命，舊有科學體系不適用了，一種全新形態的科學誕生了。那麼，我們也沒有任何必要一定要用現存的科學體

系來詮釋占星體系，如果你願意用一種發展性的未來科學的眼光來看待占星，那有什麼不可以嗎？或者說，占星理論更關注未來（科學）。

其實，即使真的是天體對於我們存在某種影響力，那麼，這種影響力是何時發生的？這在占星業界內部都是有很大的爭論的。

在占星時，一般是將誕生的時間作為生命的開始。出生圖，也正是建立在嬰兒的第一次呼吸與第一次啼哭這個時間之上。可是，難道生命不是在精子與卵子結合的時候就已經開始了嗎？因為占星師可以用「星體力量在受精卵結合時期對它的基因組對產生了具有持續性的影響」來解釋。

更加不可理解的是，如果從出生時間來解釋，那麼一個人一旦出生之後，他是會一直受到外界環境的影響，而不是僅僅在出生那一刹那。所以，這樣下來的結論就是，用出生時間來解釋星體對人持續影響力，這根本在邏輯性上就站不住腳。

其次，占星術是屬於心理學嗎？

在第二次世界大戰之後，尤其是 1970、80 年代。人文占星術以一種「心理占星」的特殊模式流行起來，它不僅利用占星的手法來對占星對象做個性的評估，而且還會用占星手法來為占星對象的個人發展給一個「路標式」的指引。

這種新形態的占星術。將占星術作為了解個人潛力的一

種工具。因此,這種新形態的占星術廣泛作為一種人文精神的占星術來被接納。它既滿足了我們想要了解自己的需求,又符合通常的人格潛力的說法。並且在科學的壓力下,它有效地避開了「命運解說」的道路,給了求助者一個更合理的求助理由。

但是,人文占星術給出的「目標」解釋都來源於占星師的設計。它強調主觀個人經歷,而並非客觀事實。依照這種模式,一切不在這個個人基調控制範圍的個人行為之外的客觀環境,都無法從出生圖推出。所有原來推斷事件的論斷,全部變成了一種主觀心態的影響的推斷。

人文占星術看上去與科學更為協調了,但因為人文占星學家也同樣使用流年、推進等占星手法,而這些手法,仍然是與科學的理論相違背的。況且,占星術和精神分析學,都是借鑑神話與寓言的方式來說話,探求人意識之外,也就是潛意識的領域。這種探討的基準,不是來自於自然科學領域,而是獨立於人類意識層次之外。事實上,到了這一步,已經非常遠離占星術的最初本質。它已經認為,占星術除了影響人類精神,並不影響人類自然屬性。

它試圖透過客觀的實驗步驟,尋找占星術與心理學的共同點的努力;這種努力,等同於尋找占星術與客觀真實性的共同點。心理學的優點在於,它是透過客觀的語言來衡量人的性格特點,而實際上,占星術本身就存在大量的來自於神

話、哲學等主觀科學領域的衡量標準。所以尋找共同性，意味著放棄大量主觀性，全盤客觀性。這似乎就把占星術變成了「四不像」，既不是占星術，也不是心理學了。

卜卦占星不是離科學越來越遠了嗎？

為了獲得更多的社會和科學的認可，現代占星術還發展（繼承）出了許多的分支，比如，卜卦星相學和「日食盤」（圖2.12）等。

卜卦也叫占卜。「占」意為觀察，「卜」是以火灼龜殼，認為就其出現的裂紋形狀，可以預測吉凶福禍。具體就是用龜殼、銅錢、竹籤、紙牌、水晶球或占星等方法和徵兆來推斷未來的吉凶禍福，為人分析問題、指點迷津。

圖 2.12 日食盤

　　占星師說，一個日食盤，可以在幾個月甚至幾年前就預測出未來發生地震的時間。日食時間指向的事件，是日食發生之後的事件。實際上，如果地震（日食盤預測的）的確是在日食發生的準確時間發生，那我們應該有理由懷疑，太陽與月亮相合的影響力，的確有那麼一點科學的依據，應該讓我們好好尋找一些科學與占星的關聯。但實際上並非如此。道理很簡單，日食起碼還可以找到物理現象來標定，而進入（日食）盤根本就沒有明顯的現實的對應現象。

　　卜卦占星學是一門有很長歷史淵源的古占星術分支，用來解答特定問題的一門占星方法。它採用了一些怪異的方式，有時候好像解決了問題，但它的基礎，是建立在一些武斷的理論上。一個實際操作者，好像可以根據自己的想法「隨意」作出判斷；或是說，他們事先感覺答案是怎樣的，就去從盤中找到適合自己解釋的情況。

　　可是占星師會「自豪地」對你說：我們的占星術，本身就是一個主觀先行的學科。一個正常人的直覺加上占星術本身的符號象徵意義，就可以完成的推斷，而不是靠什麼主觀臆斷或者什麼天賦。

　　好吧，不需要我們來反駁。讓我們來看看卜卦占星師在操作時，強調需要遵守的原則，就可以讀出來，卜卦占星是不是包含主觀意識了。原則有二：

　　原則一，最好是向別人提出一個問題，並且讓對方來建

立盤；這樣的準確度遠遠好於自己問自己問題並起盤分析。

為什麼？很簡單。是不是一個醫生也經常會在生病的時候找別的醫生治病？是不是一個律師在攤了官司之後也去找別的律師為他辯護？這就是最直接的一個理由。當然，還不是全部。另外一個原因就是，讓別人來幫助你分析卜卦盤，可以更加客觀，可以不摻雜進去個人的主觀情緒。

原則二，所有提出的問題都需要具備相當意義的重要性。而答案的準確程度和這個提問的人的嚴肅程度有關。那種分析的極其瑣碎詳盡的問題是不可取的。並且，通常認為，一個人在正式提問題前先提一個實驗性的問題來考驗占星師的方法也是不可取的。

我們來解讀一下這兩個原則吧。原則一就是讓別人（占星的對象）先說話，占星師再去確定卜卦的過程和結果；原則二就是，占星師在操作之前，一定要斷定占星的對象是「心誠的」，不是來鬧你的！

就連著名的占星師也提醒他的子弟和同行們：「……詢問者遵循提問的規則是非常有必要的；也就是說，他首先應該默默在心中祈禱，全神貫注地用全部的精神來聚集到這個問題上面，以求上天能夠允許他透過這個機會來發表自己的疑惑。」

占星是「超自然」的，是一種巫術嗎？

我們無休止地爭論研究人類潛力的必要性，也許是因為

為了讓占星更加適合現代社會的主流思想，也許是因為人類潛力的確超出現代科學研究範圍。也許，所謂人類潛力是未來的，不可當下實現的東西。

或者說，占星——是靈魂超越物質的一個世界。這似乎有一些「巫術」的味道。在占星學界，巫術被定義為「遵照意願而導致改變的藝術」。但是，這種「意識」可以改變自然規律，尤其是改變行星運動的思維（做法），似乎違背了「人們認為它應該遵循的」自然規律這種想法。

而占星師們不這樣看，他們認為，這僅僅是因為人們在某個特定的時間，在某種特定的教育程度下體認到的自然規律，從來不會並且將來也不會是一個對真理的完全、透徹的認識。所有的這些自然規律都是，並且將會繼續是真理的一種近似，不符合現有系統的現象會一直不斷出現。這樣我們也許看到某種事物，表面上看起來是超自然的，但是實際上不是這樣的。這個，像是在說，你們（科學家）認為的「超自然」實際上只是你們看不懂，或者說是這些現象是「游離」在自然規律周邊？

在占星師的宇宙哲學觀中，存在著「神性界、創造界、形成界和物質界」。這類似於柏拉圖哲學中的「心靈，靈魂和宇宙」。在這種多個世界並存的角度下，超自然的概念就不再是自相矛盾的了。

占星術是某種尚未被人們認識的自然規律，還是說明了

我們生存的這個宇宙是跟我們想像中大不相同呢？

占星師說：它的唯一的目標就是使用不可思議的技術來探索並且擴大一個人自己的意識。在它的最高的形式裡，其目標是接近上帝。

2.1.4 為什麼占星術會被逐出學術界

美國科學哲學家庫恩認為之所以天文學是科學而占星術不是科學，是因為占星術沒有天文學那樣解答疑難的傳統，而如果沒有疑難來挑戰繼而又能證明占星家的天才的話，即便星相真的可以控制人的命運，占星術也不能成為科學，它只是一門技藝、一門實用藝術，是同古老醫學、現代精神分析學相類似的領域。

現代天文學、心理學的迅速崛起和替代作用使占星術成為一個退化的研究領域。在 18 至 19 世紀，由於占星術理論和方法的「僵直性」，使得占星術被持有某些科學理論的科學共同體排除在科學之外；而在 20 世紀，是科學檢驗方法讓人們相信占星術不是一門科學。如果說在 18 至 19 世紀是科學中非理性的一面將占星術排除在科學之外，那麼在 20 世紀它被阻止在現代科學大門之外，則主要是科學中的理性因素發揮了作用。

說到星相學被驅逐出學術界的具體原因，我們認為：

第一，古代星相學的出現是建立在四種錯覺的基礎上的。

（1）所謂的「天球」實際上是不存在的。因為天體與觀察者的距離遠遠大於觀測者隨地球在空間移動的距離，因此看上去天體似乎都分布在一個以觀測者為中心的、半徑無限大的球面（天球）上。實際上，天體離開我們的距離是千差萬別的。

（2）使斗轉星移、太陽運行的天球旋轉，實際上是因為地球自轉導致的假象。不是所謂天體真正的運動，更不可能是天體按某種「意願」而產生的移動。

（3）我們看到的太陽在黃道上的移動，則是地球圍繞太陽公轉導致的假象。實際情況是地球繞著太陽轉，而不是太陽在占星術的「意願空間」運行。

（4）星辰並非鑲嵌在天球上，一個星座中的各顆恆星並非真的相鄰，它們彼此之間距離遙遠，相互間沒有任何關聯。假想天球構成的恆星組合（星座），只是形成於天球球面的平行方向，而它們的徑向距離是沒有任何規律的。如圖 2.13 是我們熟悉的「北斗七星」，七顆星離開我們的距離分別在 50 光年到 140 光年之間，根本不可能有什麼關係存在。

　　星座完全是人類為了觀察的方便而任意劃分的。星座的名稱則是人類根據星座的形狀或想像出來的形狀而任意命名的。它們只是一種任意假定的偶然符號，不可能有任何真實的含義。一個星座被叫做「白羊座」，只是因為組成它的 5 顆實際上毫無關聯的恆星在命名者的視野中看上去像羊，其他

星座的命名也是如此。但是，星相卻把符號當了真，把人所創造出來的名字倒過來當成了決定人的命運的因素。例如，某網站的星座頻道上，這樣說道：「白羊座的性格，可用堅強來代表。不論面對任何事情，都會全力以赴。白羊的羊角正可用來說明這種個性。」、「金牛座的性格就像牛一般，態度穩定，處世相當慎重，但在另一方面也很頑固，只要一發起脾氣來，往往沒有人能夠阻止。」這就像因為有人姓「李」就認為他真的和李子有什麼關係，因為姓「王」就認為他有當國王的命一樣的可笑。而且不同的文明對星座的劃分是不一樣的，比如中國古代的二十八宿就是一種。所以星座本身並沒有任何意義。

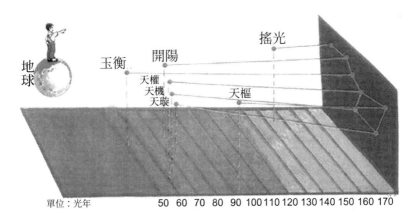

圖 2.13 北斗七星各星與地球的距離

　　第二，星相學認為，你的命運是由出生時各個天體的位置所決定的，而其中最重要的是太陽的位置。如果你是在 3

139

月 21 日至 4 月 19 日之間出生的，星相書會告訴你屬於白羊座，因為這時候太陽位於白羊宮。而如果你真的認為你出生時候太陽在白羊宮，那就大錯特錯了。實際上並不是，如果想滿足這個條件，你必須出生在 2,000 年前。在太陽和月亮的引力的作用下，地球的自轉會發生進動，造成春分點每年向西移動約 50 秒的角度，也即每年春天，星座「升起」的時間要比前一年春天晚 20 分鐘，這樣，2,000 年後，就要晚大約一個月。大多數屬於白羊座的人，出生的時候，太陽實際上位於雙魚座；屬於金牛座的人，出生的時候太陽才位於白羊座，以此類推。今天的星空已與 2,000 年前的星空大不相同，但是為什麼星相仍然在沿用兩千年前的那一套進行預測？一些星相家辯解說，星相所說的星座和實際的星座不是一回事。也就是說，他們認為星辰決定人的命運，但不是真實的星辰，而是在 2,000 年前是真實的而現在已不存在的假想的星辰。決定你的命運的乃是 2,000 年前的天體的位置，這顯然是與「人的命運由他出生時的天體位置決定」這一說法相矛盾。

第三，孿生子。最簡單也是最流行的（我們在網站、報紙上讀到的）星相就是這種日宮星相，把人按其出生日期分成了 12 個星座，並以此預測人的性格和遭遇。莫非人的性格和命運只有 12 種，有史以來在同一個月內出生的億萬人都有相同的性格和命運？連嚴肅一點的星相家都覺得太荒唐，因

此還要考慮到其他天體（特別是行星）的位置，這樣，在不同地區、不同時刻出生的人，就有了各不相同的「天宮圖」。但是即便如此，在同一地區、同一時刻出生因而天宮圖完全相同的人，仍然不少。一個顯而易見的情形是孿生子。我們極少發現孿生子會有相同的遭遇（那些有相同遭遇的孿生子會成為新聞，足見其罕見）。不過，孿生子的性格倒是要比一般人更相似，這是否符合星相的預測呢？孿生子分成基因組相同的同卵孿生子和基因組平均只有一半相同的異卵孿生子兩種，這兩種對星相來說，性格不該有區別。但是統計結果發現，同卵孿生子彼此之間性格的相似程度明顯高於異卵孿生子（表明了基因對性格有一定的影響），與星相的預測不符。星相的另一個預測是，同時同地出生的異卵孿生子的性格的相似程度，應該顯著高於不同時出生的兄弟姐妹（和異卵孿生子一樣，兄弟姐妹之間基因組平均一半相同）。但統計結果也不符合這個預測。命運、性格很不相似的孿生子（特別是同卵孿生子）的存在，是星相無法解決的難題。星相也沒法解釋，為什麼天宮圖不同的人，會遭遇同一場災難。

　　第四，如跟我們前面的分析，是什麼作用（力）在影響？星相也無法提供一個合理的物理機制來解釋天體對地球和人的影響。除了太陽、月亮，其他的天體特別是恆星，與地球的距離是如此遙遠，對地球的任何物理作用（例如引力、磁場）完全可以忽略不計，或者被太陽、月亮的力遠遠蓋過。

當然，星相家會假定存在著某種未知的作用。那麼這種作用有什麼性質呢？它是否和天體與地球的距離有關，越近的天體作用越大呢？如果是這樣，我們首先應該考慮的是分布在火星和木星軌道之間的成千上萬顆小行星的綜合影響，而不是距離更遠的其他大行星。如果與距離無關，那麼我們必須考慮數也數不清的所有的天體（恆星）。這種作用又是如何在出生的時候作用於人體並使人體永遠銘記了這種作用，成了天生具有的屬性？

第五，關於出生時刻、影響時刻。我們知道，人天生具有的屬性是主要是由基因和胚胎發育的環境所決定的，一個人的基因組在受精的一瞬間就決定了，那麼我們首先應該考慮的是受精之時以及十月懷胎過程中天體的作用，而這又怎麼可能做到？而且，出生並不是在一個瞬間完成的，而有一個過程，該從什麼時候算起，開始分娩、分娩完畢、剪斷臍帶，還是第一聲啼哭？醫生或護士根據自己的主觀判斷在你的出生證上填寫的出生時間，並不等於就是你的客觀的出生時間，而這些判斷上的差異，將會導致十分不同的天宮圖。

第六，統計學上的相關性。即使星相沒有合理的解釋，如果在天宮圖與人的性格、命運之間存在著某種相關性，仍然是值得注意的現象。科學研究人員已做過許多項統計，都沒能發現天宮圖與人的性格、命運等有任何的相關性。例如，1971 年，加州大學柏克萊分校普查研究中心收集了

1,000 個成年人的天宮圖和他們那些被星相學認定受天宮圖影響的屬性，包括領導才能、政治觀、音樂才能、美術才能、自信心、創造力、職業、宗教信仰、對星相是否相信、社交能力和深沉感等。分析表明，天宮圖不同的人在這些方面都不存在差異，因此不能用天宮圖來預測。更為關鍵的是，統計學形成學科的時間晚於占星術之後太多年。

如果星相沒有任何經得起推敲的根據，為什麼你在閱讀星相書籍、星相網站對你的星座所做的性格分析甚至預測你的星運時，你會覺得很準？因為那都是一些模棱兩可的幾乎可以適用於所有的人、所有的事情的說法，而且都是一些人們樂於聽取的好話，即使是負面的因素，也是以鼓勵的方式說出。一個著名中文網站的星座頻道在 11 月中旬這一週對白羊座的人的預測是：「不要三心二意，要積極抓牢機會，多找些朋友聊天，賺錢的好機會自然容易浮現。出去遊玩時，要當心一些意外事件，多多注意安全。」如果賺了錢、沒有出現意外事件，那是因為你抓牢了機會，注意了安全；反之，則是因為你沒有這麼做。像這種預言，在任何情況下，對任何人都可以成立，也就容易讓人覺得很準。

相關的「準確性」測試一直在做，最著名的就是 1985 年在加州大學柏克萊分校讀物理博士學位同時也是職業魔術師的卡爾森的測試結果。這個結果之所以出名，是因為美國星相組織 —— 地宇研究全國委員會 —— 和他積極配合，而他也

滿足了他們提出的條件。接受測試的 28 位著名星相師由該組織挑選、推薦,代表著星相學的最高水準。116 名預測對象都是真實存在的人,並且能夠提供證據證明其「出生時間」的誤差在 15 分鐘之內。對這些人的性格描述採用的是加州人格鑑定,這是被心理學界普遍認可的一種性格鑑定,而星相組織也認為其描述方式最接近星相的描述。

星相師收到的資料中,每一份天宮圖都伴隨著三份性格描述,其中只有一份是屬於天宮圖那個人的,星相師被要求根據天宮圖將它挑選出來。對星相師很有利的是,對每一次預測他們可以有最佳和次佳兩個選擇,並用從 1 到 10 打分的方式表示星相師的自信程度。對星相師不利的 —— 但是被他們認可的 —— 是採用了雙盲的辦法,預測對象不與星相師見面,星相師也不知道他們是誰,只得到這些人的編號。

在實驗之前,星相組織聲稱預測的準確率至少會有 50%,但是實驗的結果卻只有 34% —— 這是從三份材料中隨機挑選一份也會出現的結果。而且,預測的正確性與星相師的自信程度無關,他們認為最佳的或自信程度最高的選擇,並不見得更正確。

1989 年 6 月 7 日,另一位美國魔術師、著名的蘭迪在美國電視上懸賞 10 萬美元徵集能夠證明自己的預測能力的星相師。一位星相師接受了挑戰。他獲得了 12 個人的出生資料,製作了天宮圖,然後對這 12 個人進行面試,指出天宮圖各屬於誰。他一個也沒說中。

　　我們只能說，偶爾有星相師做出準確的預言並不奇怪，因為即使是一臺不走的鐘在一天之內也會給出兩次正確的時間。只不過人們傾向於只記得了它說準的這兩次，而忘了不準的無數次。

2.2 中國的星相學（術數）

在中國，上古時代人們對上天的敬畏，發展到商周時已演變成為「天人感應」、「天人合一」的思想，即人間的萬事萬物，都上應天象。天庭也像人間朝廷一樣，眾星各有職司，各有所象。所以人們可以根據某些星辰的狀況，來推測人間將會出現的情況。這種用星象占卜的法術，春秋戰國時期開始盛行。它類似於西方國家的君國星相學，主要應用於國家朝廷的軍政大事上。實際上，歷代以來星相學一直屬於「術數」中的一種。

2.2.1 中國星相學（術數）的起源和發展

無論是從圖書分類還是行業分類來說，中國古代的星相學都是屬於「術數」的一個分支。

「術數」。術，指法術（方式方法）；數，指理數、氣數（運用方法時的規律），即陰陽五行生剋制化的運動規律。「術數」為道家之術（所謂陰陽家皆出自道家），而陰陽五行理論也一直為道教所推行，用陰陽五行生剋制化的數理，來推斷人事吉凶（儒家、佛教都沒其理論。儒家所謂「子不語怪力亂神」，故不提倡）；也就是以種種方術觀察自然界可注意的現象，從而推測人和國家的氣數和命運。諸如天文、曆法、數學、星占、六壬、太乙、奇門、運氣、占候、卜筮、命理、

相法、堪輿、符咒、擇吉、雜占、養生術、房中術、雜術等都屬於術數的範疇。一般來說，狹義的術數，是專指預測吉凶的法術；廣義的術數就包括天文、曆法等了。現在，通常所指的術數是狹義的術數。而中國的星相學就屬於狹義的術數。星相學（星學大成）被著名的《四庫全書》收藏在術數一類之中，其類也包括數學、天文學等。

單獨由星占而論，它的主流思維和做法是屬於中國古預測術的一部分。所謂預測術，從概念上講就是對未來發生的事件作某種可能性推測。現代社會的預測，是在認識和經驗的基礎上，經過歸納和總結，得出的一般規律，從而推斷出事物發展的趨勢。而中國古預測術幾乎不受現代科學的限制，往往置與所測事物相關的經驗、訊息於不顧，單獨把它歸納於某種法則之內，從大的趨勢推演出局部的結果。就這一點而論，無論東方還是西方都是如此。

星占的事情很早就有記載。《尚書》中就提到過，早在堯舜時期，堯讓住在東方的羲仲觀察東方的星象，讓住在南方的羲叔、住在西方的和仲與住在北方的和叔分別觀察各自所住地區的星象。據《左傳》記載，堯任命閼伯為「火正」，專門觀測大火星的運行情況。到商朝，甲骨文中多有關於日月星象的記載，並用星象占卜人事。發展到周朝，星相學的基本內容已大致上被確立了下來，如確立了二十八宿的概念，對五大行星的知識大為豐富，創立了以木星運行軌跡為

基礎的歲星紀年法和相應的歲太（太歲星）紀年法，改善了天象測計中不可缺少的計時工具漏壺，使星相學發展到一個相當高的水準。不過，從許多的事例記載來看，天事也其實就是「人事」，很多所謂「應天象」的事情都有人為的影子。比如，相傳周昭王時期，九月並出，橫穿紫薇星座。此後不久，就發生了昭王被淹死的事情。實際情況是，昭王晚年失德，天下諸侯國和百姓大多怨恨他。昭王在南巡途中，來到楚國，欲渡漢水，當地人故意把一條預先黏合起來的木船給他，船到江心，黏合處破裂致使船破，昭王落水而死。昭王南巡淹死於漢水是歷史事實，不過九個月亮橫穿紫薇星，當是後人偽托，用於證明以天象預測人事之法的靈驗。在星相學中，紫薇星是人間帝王之象，月亮為諸侯之象。九月犯紫薇，就是眾多諸侯與昭王過不去之象。

春秋戰國時期，因為諸侯列國各據一方，互相兼併征戰，勝負莫測，所以用不同星象說明地上不同地區之事態變化的分野說產生了。作為星相學中重要內容之一的分野說，是將天上的星宿與地上的地理位置連結，按一定區域分配一定星宿的學說。這一學說對後代星象占卜的發展有著深刻的影響。戰國時期的星相學，以甘德、石申為代表。甘德著有《天文星占》八卷，石申著有《天文》八卷。但此二書今都失傳。僅留下隻言片語。1973 年長沙馬王堆漢墓中出土的帛書《五星占》，保存有甘、石兩家天文書的部分內容。因而《五

星占》就成了現存時間最早的古代星象之書。

占星術在尊天神學和讖緯（圖 2.14）迷信十分盛行的西漢末年和東漢初年特別流行。讖是方士們造作的圖錄隱語，緯是相對於經學而言，即以神學迷信附會和解釋儒家經書的。由於先秦天命神權、天人感應觀念的流行，出現許多祥瑞災異、神化帝王和河圖洛書、占星望氣等說法。歷史上尤其是出身「卑賤」的統治者經常用這一招，比如武則天、李自成、朱元璋等。在西漢末年和東漢初年出現的大量讖緯圖書中，就有不少是記載星象占驗的。

圖 2.14 讖緯（神學）

如西漢成帝河平元年（西元前 28 年）三月記載：「太陽有黑子，即日出黃，有黑氣大如錢，居日中央。」這個說的是「太陽黑子」，它的出現被認為是天子違背了上天的旨意。京房《易傳》說：「祭天不順茲謂逆，厥異日赤，其中黑。」

關於日食。京房《易傳》說：「下侵上則日食」，提出要「罷黜百家」。獨尊儒術的董仲舒就是一個星象占驗家。他在《災異對》中說：「人君妒賢嫉能，臣下謀上，則日食。」劉安的《淮南子》也說：「君失其行，日薄食無光。」

關於月食。董仲舒《災異對》說：「臣行刑罰，執法不得其中，怨氣盛，並濫及良善，是月食。」漢武帝把「太一」作為至尊的天帝神，認為天極星（北極星）是「太一」神居住的地方，它旁邊的三星是三公（太尉、司徒、司空），後勾四星就是正妃和三宮，而周圍的十二顆星是守衛宮廷的藩臣。據說，如果這個星區出現怪變星象（如流星、彗星），朝廷就會發生變亂。為了讓漢室長治久安，漢武帝及其他皇帝均舉行隆重的郊禮，親自祭拜太一神。

對於彗星的出現，人們是驚恐萬分的。據漢代讖緯書《春秋運斗樞》說：彗星如出在東方，則將軍謀王；出在南方，則天下兵起；出在西方，則羌胡叛中國；出在北方，則夷狄內侵。據《春秋》載，魯文公十四年（西元前 613 年）秋七月，有星孛入於北，對這次彗星的出現，董仲舒解釋說：「孛者，惡氣之所生也。謂之孛者，言其孛，孛之有所妨蔽，暗亂不明之貌也。北斗，大國象。後齊、宋、魯、莒、晉皆殺君。」當時占星家把彗星的出現看作是上天對國君的警告，若國君不懸崖勒馬，痛改前非，就會國破身亡。

中國古代的星相學就是這些類似的內容，你看到的什麼「夜觀天象」，就是中國古代研究天象的人們（星相學家）做

的事了。而歷代以來，「夜觀天象」一直都是「專人專營」的（想想為什麼？）。

　　秦、漢至南朝，太常所屬有太史令掌天時星曆。隋祕書省所屬有太史曹，煬帝改曹為監。唐初，改太史監為太史局，嗣曾數度改稱祕書閣、渾天監察院、渾儀監，或屬祕書省。開元十四年（西元 726 年），復為太史局，屬祕書省。乾元元年（西元 758 年），改稱司天臺。五代與宋初稱司天監，元豐改制後改太史局。遼南面官有司天監，金稱司天臺，屬祕書監。元有太史院，與司天監，回回司天監並置。明初沿置司天監、回回司天監，旋改稱欽天監，有監正、監副等官，末年有西洋傳教士參加工作。清沿明制，有管理監事王大臣為長官，監工、監副等官滿、漢並用，並有西洋傳教士參加。乾隆初曾定監副以滿、漢、西洋分用。後在華西人或歸或死，遂不用外人入官。

2.2.2 中國古預測術

　　在這裡，我們一定要研究一下「中國古預測術」，因為它才真正是中國的星相學，是中國文化中「天人合一」思想的展現。而且，對於包含占星、卜卦、八字算命、風水和相面之類的「術數」，一直以來人們就存有偏見（也感覺很神祕），更甚者還有「迷信」的思想在裡面。我們把它剖析清楚，也有利於大家對天文學的認識和學習。

中國古代預測術主要分為四大類:

1. 相術:相人(面)術、相地術(風水)、相日術(擇吉);

2. 三式:(1)奇門(奇門遁甲)、(2)六壬、(3)太乙;

3. 象占:(1)甲骨卜、(2)星占、(3)夢占;

4. 命學:

    (1)星命,包括五星推命、紫薇斗數、九宮八卦遁法;

    (2)時辰,包括四柱推命、生肖算命、五行稱命;

    (3)卦象,包括(a)周易,其中有梅花易術、火珠林占法;(b)靈棋經;(c)太玄經。

古時候的人透過自然界的無數徵兆,發現了很多因果規律,如電閃雷鳴後必有大雨,老鼠遷移意味著將有洪水等。這個因果的反覆出現,使那時的人相信,在其背後必然潛伏著吉或凶,而徵兆就是上天給他們的暗示了。隨著文明的發展,那些偶然出現的徵兆已遠遠滿足不了他們的需要,主動與上蒼溝通求得指點已成為共同迫切的願望,於是便產生了人為地去產生徵兆,定義徵兆的行為 —— 占卜。最先被用來與上蒼對話的是獸骨與龜甲,即中國最古老的預測方法 —— 甲骨卜(圖2.15)。它起源於大約8,000多年以前的石器時期,與「結繩計數」有一定的淵源。盛行於商周及春秋戰國時期,在唐代以後漸漸滅跡。被其他一些「先進」、結合社會更多的方法所取代。

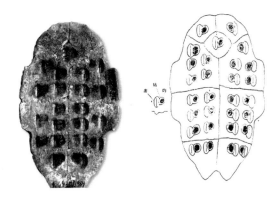

圖 2.15 甲骨文

　　在甲骨卜起源的伏羲時期，也產生了中國最原始的文字 —— 刻畫符號。自然界的一切無不在先民的刻畫之中，而經過篩選與整理的八卦符號，便是留給後代的禮物。也就是天（乾），地（坤），水（坎），火（離），江湖（兌），山（艮），雷（震），風（巽）。隨著生產力的發展，以及對於大自然的觀察越來越細緻深刻，先民們把各類動物、植物、工具等也歸納進了八卦，形成了一卦多義的現象。以後的把八卦兩兩重疊組合而成的六十四卦，更是融進了自然界，人類社會的萬事萬物以及先民對於宇宙的思考。在六十四卦的框架上，再配以各類卜驗之辭，便成了後人奉為眾經之首的《周易》。

　　要在甲骨上獲取兆象，需經過龜甲的整治、鑽鑿、燒灼等一系列複雜的過程，所得的兆象又是錯綜複雜而難以識

別，而《周易》策法的出現，說明占卜方法正由複雜趨向於簡易。《周易》占簽所用的工具為蓍草（圖 2.16）。四十九根蓍草在手中按一定順序操作一番，根據所得之數畫出卦象，最後依卦辭、爻辭以及象數、義理等來演繹推斷。

圖 2.16 《周易》筮法的占具是蓍草

從用甲骨占卜到用蓍草占筮，是中國古代預測的一大發展，不僅是預測工具更趨先進合理，更主要的是以八卦這個宇宙框架去推演，將會得到更細緻嚴密的答案。後來，由於五行理論與納甲等學說相繼與《周易》結合，使「易家」人丁興旺起來，派生出了許多新的預測方法，諸如納甲筮法、範圍數、鐵板神數、梅花易數等。其中納甲筮法與梅花易數對後人的影響最大。

納甲筮法也稱為「火珠林法」或者「六支卦法」。納甲筮法的筮具最初用的是蓍草，到了南北朝時期，就被三枚錢幣所替代了，所以起卦的方法也更加簡單易行。梅花易數相傳

為北宋的邵康節所創。它依據「萬物皆數」、「萬物類象」的原理來起卦與推斷，所以起卦方法靈活多變，時間、方位、物象、聲音、色彩等皆可隨手拈來斷卦，更強調耳、目、心的運用，把斷卦之際的一切外界訊息都納入卦中作為參照物來進行占斷。

預測術中的星占術是透過觀察天象來預測人事的一種占卜方法。在科學文化落後的遠古時期，天對於先民們來說是個充滿神奇與迷幻的世界，在它的面前，人顯得無比渺小，因此天首先成了先民的崇拜對象，並認為世間所發生的一切都是天意的反映，而天象的變化也預示著人間的凶吉禍福。星占術起源於原始社會的帝堯時期，而春秋戰國則是它的發展與成熟階段，這在《左傳》、《國語》等史籍中有大量的記載。由於陰陽五行的參與，星占術也開始如火如荼的發展，相繼出現了與人的生辰八字相配合的五星推命法、紫薇斗數。就連中國古代最有影響的預測術 —— 八字推命也不得不借用一下它的勢力。

五星推命術據說為密宗師傳，所以被稱為密宗星學。它是從人的生辰八字與出生地的分野入手，找出身宮與命宮，再根據身、命宮與日月、木星、火星、土星、金星、水星等「七政」的相會狀況來考察人一生的命運。

紫薇為北極三垣之一的中垣，由於北和五星（北指北斗七星，五星則是處於中垣的五顆「極星」。即：北極星也稱北

辰星，是眾神之本，北極為不動之星；中極星也稱上極星，是最居天之中；東方少陽，名為東極星；西方少陰，名為西極星；南方太陽，名為南極星）皆在此垣，所以在占星者的眼裡具有異乎尋常的地位。用它來作為參照坐標，把生辰八字與五星占命所用的定官、排星、排流年、定局等方法糅合起來而觀察日月星辰所賦予人的「氣」。

就在星占術處於鼎盛之際的春秋戰國時期，又出現了「所謂」三式的太乙、六王和奇門遁甲，它們的共同特點就是用「式（盤）」來預測。「式（盤）」是中國古代天文占修、推算曆數的用具，後來被運用於占卜。「三式」之中以六王最古，在《吳越春秋》中已經有了伍子哥占課的記載。五行之中以水為首，十天干中的五癸皆為水，其中五為陽水，癸為陰水，捨陰而取陽，所以稱為「五」，而六十甲子中有五申、五牛、五展等六個，所以命名為六王。六王共有七百二十課，總括為六十四課體，用刻有天干地支的式盤（圖2.17）來占課。

圖 2.17 式盤

　　奇門遁甲在「三式」中是影響較大的一種。它最早的記載，見於《後漢書·方術傳》序：「又有風角、遁甲、七政……之術。」此法起源於西漢時解釋《周易》經傳的締書之一《易緯·乾坤鑿度》中的太乙行九宮法。之所以稱為奇門遁甲，是因為十天干中，乙、丙、丁「三奇」，而休、生、傷、杜、景、死、驚、開為八門，所以稱為「奇門」；遁有隱藏的含義，「甲」指六十甲子中的六個旬首：甲子、甲戌、甲申、甲午、甲辰、甲寅，「遁甲」是指十天干中最為尊貴的「甲」隱藏於戊、己、庚、辛、壬、癸「六儀」之中。它的演算工具就是天、門、地三式盤（也有稱為天地人三式盤），天盤刻有「九星」，中盤刻有「八門」，地盤排布「八卦」。這樣根據具體的時日來排局，形成了一個時間、空間的立體占測框架，給人提供趨吉避凶的時間與方位。

太乙占卜術也源於《易緯‧乾坤鑿度》中的太乙行九宮法。它與六壬、奇門不同的是以預測自然災害、戰爭等國運為主，所以為歷代統治者所重視。

相術也是中國古代預測學的重要組成部分。根據對於不同事物的觀察，可分為相人術、相地術、相日術三種。

手、面相術是中國古代「天人合一」、人與自然對應全息觀念的集中反映，在其專著《麻衣神相》中有這樣一段論述：「人稟陰陽之氣，肖天地之形，受五行之資，為萬物之靈者也。故頭像天，足像地，眼像日月，聲音像雷霆，血液像江河，骨節像金石，鼻額像山岳，毫髮像草九天欲高遠，地談方厚，日月欲光明，雷霆欲震響，江河欲潤，金石欲堅，草木欲秀……」這段文字雖說比較牽強，但也道出了相人術的理論依據及判斷準則。

在具體的觀察中，更是把宇宙這一大天地微縮在人這一小天地中。五行、五方、八卦、天干、地支皆被搬到了人體之上，把它作為觀察的坐標。

相人學也有著悠久的歷史，最早的史料記載可以追溯到春秋戰國時期。《左傳‧文西元年》：「王使內史叔服來會葬，公孫敖聞其能相人也，見其二號焉。」而現存有關相人的專著，最早的要數王充《論衡》中的《骨相》篇。以後陸續有《月波洞中記》、《太清神鑑》以及後世的《麻衣神相人》、《柳莊相法》、《相理衡實》等。

　　相地術，也稱「風水」、「堪輿」。用現代的語言下個定義就是透過觀察住宅或墳地的地勢、方向、組合等諸因素，來推斷人吉凶禍福的一種占卜方法，它分為陰宅風水與陽宅風水。陰宅指墳墓，陽宅指生人居住的房屋。古人的說法是：「葬者，乘生氣也。氣乘風則散，界水則止。古人聚之便不散，行之便有止，《經》曰：『故謂之風水。』」這段話的大意是：人死下葬，首先要憑藉有生氣之地。經書上說：生氣隨著風吹則散，遇到水就停止了。故應設法把生氣聚合而不讓它流散。不論是陰宅陽宅，風水就是根據這個原理來營造房屋。

　　在舊時，人們無論做什麼事都要翻翻黃曆，看看哪一天不宜婚嫁、哪一天不能遷居、哪一天上了梁會給家庭帶來不和、哪一天理了髮會使人倒楣等。這就是根據黃道上的六大星的運行來劃分吉凶之日。六星分別是青龍、明堂、金匱、天德、玉堂、司命。遇上這六星值日，就比較吉利。擇吉的方法很多，除了上面六星配日之外，尚以「建」、「除」、「滿」、「平」、「定」、「執」、「破」、「危」、「成」、「收」、「開」、「閉」等十二星與日期相配合的擇日法。在清乾隆年間，官方還制訂了《協紀辨方書》三十六卷，使擇日之法有了統一的準則。

　　「從古非一，而夢為大」。討論中國古代預測術，那必然要涉及夢占，因為上至帝王將相，下至平民百姓，人人都被夢魂縈繞，可以說自占夢術產生以來，從來沒有被冷落過，

而西方心理學家佛洛伊德的夢學理論的推出，在某種程度上也佐證了中國古代的夢占理論。祖先很早就研究夢，殷墟個辭中就有這樣的記載：「庚辰卜，貞：多鬼夢，不至禍？」但是，夢占是無論如何也難以和我們要討論的天文、「天人合一」沾上邊的，所以這裡就姑且作罷。

在中國古代預測術中，最普及與深入人心的莫過於用生辰八字來推斷人壽夭、貴賤、吉凶、禍福的四柱推命術。在孩子尚未成年的時候，父母就會拿他的八字找算命先生算一下，看看今後的命運如何。以後遇上科舉及第、婚姻嫁娶等重大事情，則又要將八字反覆玩味一番。有了這樣廣闊的市場作為動力，所以歷代研究它的人趨之若鶩。它後來成為一門極其深奧與煩瑣的學問，也正源於此。

對於生辰八字的來歷，也是眾說紛紜。據說它初創於戰國時期的路碌於、鬼谷子，由於沒有確切的史料作為支撐，也只能作為傳說而已，有文字記載可以見其端倪的，要算是《白虎通義》與東漢王充的《論衡》。但真正把它作為一個獨立系統推出的，是唐代的李虛中，因為李虛中把算命的以年為準發展成了以出生年、月、日三柱作為依據的推命方法。後來，經過五代的徐子平加以推衍，這才形成了今天我們所看見的以年、月、日、時的天干地支作為參數的四柱推命法。此術經過後人的不斷充實，日趨嚴密與普及，到了明代，已成為家喻戶曉的習俗。

　　八字推命所依據的就是陰陽五行的原理。古人認為，世間萬物的發生、發展與變化，都是由於陰陽二氣互相交感的結果。而五行就是陰陽二氣相互作用過程中賦予世間萬物的五種元素。而這五種元素之間也發生著相生相剋的運動變化。由於有了這五行相生相剋互相作用，才使得天地萬物得以平衡協調。而人作為萬物之靈，同樣也受到這五行生剋的制約，所以，天干地支所代表的八字一旦與陰陽五行掛上了鉤，就不難理解生辰八字為什麼也被用來推斷人的命運了。

　　而根據五行又可以找到它所對應的春、夏、秋、冬四時，東、南、西、北、中五方，這樣便產生了一個立體的時空構架。在這個時空構架裡，五行的相對平衡，表現在人事上則是順遂吉利；五行的生剋關係如果失去協調，在人事上則為逆潑災禍。根據日的天平與其他七字的五行生剋關係所推演出的「正印」、「偏印」、「比肩」、「劫財」、「傷官」、「食神」、「正財」、「偏財」、「正官」、「七殺」十神，又為五行與人事之間架起了一座橋樑。家庭、婚姻、官運、財帛等盡納入其中。為了能夠推算出人的疾病損份，五行所代表的天干地支又與人體的五臟器官建立了連結。

　　即便有了以上諸多的因素作為參照，但是還滿足不了人們的期望，於是占星術中的「神煞」以及六十甲子與五音十二律結合而成的納音五行也被引進其中。由此可見，四柱推命術相當博雜煩瑣。除了以上所介紹的各類利術之外，尚有一

些流傳於民間，而又沒有形成系統理論的占卜方法，我們暫且把它總稱為雜占，如求籤、測字、諸葛神數、耳熱占、眼跳占、扶乩等，雖說比較簡單粗糙，但也是中國古代預測術的組成部分之一。

綜觀古代預測術的譜系，我們不難發現，儘管其門戶林立、派系紛呈，但一旦把它置於「天人合一」這個中國古代哲學模式之中，都有著驚人的相似之處。「天人合一」的思想認為，人為天地合氣所化生，所以人必然與天地這個大宇宙相對應，是大宇宙的縮影，大宇宙一有風吹草動，人這個小宇宙也不可能風平浪靜。而隨著以後陰陽五行元素作為媒介參與其間，大小宇宙之間的關係更加絲絲入扣了。從五行推演出東、南、西、北、中五方以及春、夏、秋、冬、長夏（黃帝內經中對四季的關聯到五臟的一種時間表示方法，指夏季三個月中的最後一個月。長夏主脾臟）五季，只要這諸多的因素有一發生變化，則牽一髮而動全身，產生同類相動的效應。推而廣之，不僅大宇宙與小宇宙會產生同類相應，而且小宇宙與小宇宙之間所對應的方面也會產生相互感應的關係，用這個理論去解釋中國古代所有的預測術，都會無所不通。而所有的預測方法只要能符合這宇宙模式，都能夠「彌綸天地之道」。這就是中國古代預測術得以生存的理論。

2.2.3 察言觀色「套路」很深

《周易》、《素經》乃至《奇門遁甲》這些書，存在的意義並不是為了幫人算命，它裡面記載的都是哲學，是通天徹地之謀，改朝換代之術。術數，權謀，機變，才是它的真諦，像兵法之流也不過是發揮餘熱的產物罷了，何況是幫人算命。

這樣說吧，像諸葛亮、劉伯溫這樣的神機軍師，你能想像一下他們在街頭巷尾擺個攤幫人算命嗎？我們一般人口中所謂的算命先生（圖2.18），其實無非都是騙子。

為什麼這樣說？這不是旁人的評價，相士自己就說：收錢占卦，耍的是嘴皮子，玩弄的是人的心理。憑藉的是口口相傳的經驗以及在江湖中多年打滾的閱歷。其實說到底，算命只是一種依附於玄學，利用廣泛存在於人們心目中的宿命論來進行營利的商業活動，或者說得再簡單一點，它其實就是一門生意、一項技能、一個行業。

圖 2.18 算命先生

　　這是在研究人們的心理？他們跟心理學家可不一樣，他們若要懂得並能運用心理學，那肯定得有讀書的本事。哪怕真的能把《易經》、《紫薇斗數》或是《六壬》這類書讀懂了，也就不必再動算命謀生的心思了，屆時天地廣闊，英雄自有用武之地。

　　由此可見，相士是一個講究師承，注重傳授的一個職業，他們看中的是派系和規矩，有著看似鬆散實則嚴密的行業劃分，或者換句話說，他們其實就是另一種形式的黑社會或者稱之為「江湖」。

　　一般來說，想靠算命賺錢，那就得先入行拜師，三五年之後如果師傅看你學徒期間表現尚可，還算是這塊料，就會慢慢傳授你一些識人相面的技巧，通常，老師所教你的，分為五門功課，江湖術語分別叫「前棚」、「後棚」、「懸管」、「炳點」和「托門」。

　　「前棚」，說得明白一點就是你招攬客戶的手段。你要能運用一些心理技巧來引起人的注意，進而讓他相信你，最終心悅誠服地坐下來求你為他占上一卦，這可是門大學問，絕對不像是電視上所看的「這位施主，貧道看你印堂發黑，七日內必有血光之災」那麼簡單。算命先生只有先掌握了「前棚」的技術，才能夠源源不絕地吸引客人，進而賺錢餬口。

　　「前棚」的事結束了以後，就是「後棚」。這門功課同樣重要，「前棚」只能決定你能不能留住客人，而「後棚」則直

接決定你有沒有本事賺錢，通常「後棚」開場的第一句話都是要錢，但這錢要的卻讓你挑不出理，算命先生在這時候說的話大意都是既然你我有緣，我就破例為你占上一卦，但是這個卦不能白起，你得給「相禮」，就是錢，但是這個錢我不拿，你就放在桌子上，先聽聽我說的對不對，如果對了，這錢歸我，我們繼續往下說，如果不對，你拿錢走人，我分文不取。不過但凡算命先生能走到這一步的，大抵都是有點本事的，而這放在桌上的錢，只要你的「後棚」功底扎實，能從這人的臉色上分析出點門道來，進而說出一些虛虛實實模稜兩可的話，基本上你這第一份錢，也就算是賺下了。

「懸管」是後棚之後的事，一般在走完「前棚」、「後棚」的手續之後，算命先生只要拿捏得好，那麼在賺下第一份錢的同時，也會讓你越發地信任他。但是一般算命先生在一個人身上又絕不肯只賺一份錢，因此這時候就要「懸管」，也就是透過一些事情旁敲側擊來詐你，進而要錢。

「後棚」賺下的錢，行話叫「頭道杵」。這是第一份錢。「懸管」是「二道杵」，一個能充分把握人心的算命先生，在經歷了「前棚」和「後棚」之後，基本上對你就是瞭如指掌了，那麼在此基礎上，再由他打著命理的旗號來詐你一把，無論如何你都會相信的。你會因此由最開始的信服變得急迫，從而再掏出一份錢求對方為你解卦，這個過程就是「懸管」。

再往後是「炳點」。理論上，這個錢賺得最沒難度，因為在這個時候，算命先生的客戶基本上都是處於一種焦急和緊張的狀態，在這種狀態下，你說什麼他都信，經歷過「懸管」的一詐後，算命先生拿了「二道杵」的錢，會滿意地點點頭，然後看著你說要解救也不難，只是……，說到底，還是要錢。你若這時候覺得不妥，他就會拿出先前你給他的卦錢退給你，裝作大義凜然的樣子，如此一來你又不得不信，然後他就會語重心長地說，前兩份錢是卦錢，這一次的錢，是打點各路神仙，消災解難的錢。通常來講，這份錢就是「絕後杵」了，意思就是要完這個錢之後，這單生意就做完了，你按照他給你的破解之法走人。他喝口茶潤潤嗓子等下一單生意。

但是在此之前，還有一門功課不要忘記，那就是「托門」。這門功課基本上是一個善後工作，大意為叮囑算命之人不要對旁人說起，如果違反了之後可能會不靈諸如此類的話，為的是把自己先弄乾淨，以後即使不靈驗了也有推託之詞。因為畢竟自己還要在這裡長久做下去，打一槍換一個地方有失天師（半仙）的風範。

做相士要達到最高境界就必須要懂得、精通行業裡的行為準則。總結成文字就是那著名的「三篇」──〈英耀篇〉、〈扎飛篇〉、〈阿寶篇〉。其中，〈阿寶篇〉是講騙人騙財的規矩；〈扎飛篇〉是具體裝神弄鬼，起課占卦的依據；而〈英耀篇〉

可以說是「三篇」之中的精華，是行業裡「祕不外傳」的心法和口訣。不過，其中包含了許多的人情世故、經驗倫理，值得看看。

顧客一進門，就要觀察他懷著什麼願望和心事。你如果捉摸不透，就不要亂講，只要一開口，就要用一套有組織、有層次的發問來對付顧客，問話的語氣要嚴肅而急促，切忌猶豫不決。一猶豫，顧客就不相信你了。

父親來問兒子的事，必是期盼兒子富貴。兒子來問父母的事，肯定是父母遇上了倒楣的事。妻子來問丈夫的事，面帶喜色者丈夫飛黃騰達，面露怨色者不是丈夫不爭氣，就是丈夫在外嫖賭或包養小老婆。丈夫來問妻子，不是妻子有病，就是妻子不能生育。讀書人來問的必是前程，商人來問的必定是近期的生意不太好。

顧客多次問到某件事，必然是在這件事上有缺失；多次問某件事的原因，肯定是這件事上事出有因。

顧客若是面帶真誠地說自己慕名前來求教，那他一定是真心來算卦的。顧客若是嬉皮笑臉地說看我貴賤如何，這人若不是有權有勢的人，就是故意來搗蛋的。有些富人會冒充窮光蛋、窮人會假充闊氣來試你的本事，你得憑自己多年的經驗看穿他們的小把戲。

和尚、道士縱然清高，內心卻從來不忘利慾。在朝廷做官的人，即使心中非常貪戀祿位，卻反而喜歡談論歸隱山

林。剛剛發了家或做了官的人，想得很高遠很大，非常囂張。長期困頓或鬱鬱不得志的人，一般說來是不會有多大志向的。聰明的人，因高不成低不就，或眼高手低而家庭貧寒。沒什麼本事的人，卻因為專心做事不變遷，手中從來沒有缺過零用錢。看上去非常精明的人，大多是白手起家的能人。看上去老老實實的人，只能一輩子幫人家打工。家道中落的人，雖衣服破舊，卻仍然穿鞋踏襪。暴發戶則喜歡穿金戴銀，以炫耀自己的財富。神色黯淡、額頭光亮的婦女，不是孤婦就是棄婦。妖姿媚笑的，不是妓女就是富人家的小老婆。滿口好好好，定是久做高官的人；連聲是是是，出身一定非常貧寒。面帶笑容而心神不定，家中肯定有了不幸；言辭閃爍而故作安詳，必然是自己的罪行已然暴露。怯懦無能的人，常受人欺負。志大才疏之輩，有志難伸。雖才華橫溢但性子倔的人，不遭大禍也必大窮。太平之時，國家看重文學之士；亂世之年，草莽英雄定然吃香。人在鬧市居住，只能從事工商業餬口；人在農村生活，不得不靠田地養家。

再說到算卦的方法，大致有敲、打、審、千、隆、賣等幾種方法。

敲，是用一些看似不相干的話旁敲側擊，以探聽顧客的虛實；打，是突然向顧客發問，讓其措手不及，倉促之間流露出真情；審，一是透過觀察顧客的著衣、神態、舉止來推斷一些事情，二是從顧客說出來的話中推斷未知的事情；千，

是用刺激、責難、恐嚇的方法，讓顧客吐出實話；隆，是用吹噓、讚美、恭維、安慰和鼓勵讓顧客高興，不由自主地把自己的事說出來；賣，則是在掌握顧客的基本情況後，用從容不迫的口氣一一道來，讓顧客誤以為你是再世的劉伯溫（圖2.19）。劉伯溫是元末明初軍事家、政治家、文學家，明朝開國元勳。民間諺語是這樣說的：「三分天下諸葛亮，一統江山劉伯溫；前節軍事諸葛亮，後世軍事劉伯溫。」

圖 2.19 劉伯溫

　　在算卦時，可以根據情況而靈活運用各種算卦方法。譬如說，打要急，急打往往奏效；敲要慢，漫不經心地敲才能多方位取得訊息，最後達到目標。隆、敲、打、審幾種方法並用，通常會收到出人意料的效果。顧客要算兄弟如何，可先敲問一些他父親的事，從他的答話中審出他兄弟的情況，得一而知三嘛。一敲之下就得到了回應，不妨趁勢敲下去。再敲的時候顧客不願說了，可改用別的方法。

十千（嚇）九響（成功），十隆（吹）十成。

先千（嚇）後隆（吹），無往不利；

有千（嚇）無隆（吹），帝壽（愚蠢）之材。

所以說：無（千）不響（成功），無隆（吹）不成。

作為「現代人」的我們，看到這些，只能「呵呵」一笑，也要記得豎個大拇指，讚嘆他們的「相人」之術！

2.3 「命理思維」是人類的本性之一

生有時，死有序。盡人事，順天意。

似乎這就是華人的「人生哲學」。根植在骨子裡的「命理思維」，一種天然的「天人合一」！

命理思維（學）很大程度是建立在對自由命運的認識上，西方基督教文化中，認為上帝是無法捉摸的，只能猜測；而中國式的主宰者更接近於天道，所以孔子說「天何言哉，四時行焉，百物生焉」，似乎是有跡可循的規律。

在西方人看來，在宇宙的上面還有上帝。上帝不依賴宇宙的規律，上帝自己制定了這些規律，但是每時每刻都可以改變。人類無法準確揣度上帝的心思，上帝想做什麼人類無法計算。而且計算推測上帝的想法，有可能涉及原罪，要背負著道德負罪感。西方人認為還是不要犯罪了。另一方面，上帝送給人類這種類似禮物的意志自由，讓我們不要超過它的意志。但正是這一點點「意志自由」讓西方的占星術一直流傳下來。

傳統中國沒有至高無上的上帝，只有神，而這些神都服從宇宙（上天）的規律。所以可以用計算（推算）的方式來考察這些規律與個人的關係。這方面又涉及道德的問題。人一旦了解了宇宙的規律，就能提高自己的道德感。按照朱熹的說法，占卜也有好處，這種好處不僅在於能夠知曉個人命

運，也在於因自我對宇宙的了解而提升了自身的道德地位。

2.3.1 從占星術的盛衰來看宿命論和決定主義

科學對生命有價值，但是科學不能滿足生命所要求的一切。這就是人們對命理學感興趣的最重要原因。由此則產生了關於人生的宿命論和決定主義。而宿命論和決定主義還是有差別的。決定主義能讓人們認識到我們的知識有限，但決定主義並不排斥人類測算自己的命運。因為我們承認自己的知識有限，達不到認識的最高層次，但是在這些有限的知識裡，我們能夠根據一些現象，多少猜出我們的命運。宿命論則不管這些，對技術預測是絕對否定的。

命運雖然不在自己的手上。但不管是西方的決定主義還是東方的決定主義，都不完全排斥人類對命運的測算和占卜。就像古人說的「盡人事而聽天命」。實際上，這就是「聽天由命」的宿命論和帶有一些科學思維的決定主義之間的博弈，這從西方占星術歷史上的兩次衰敗也能夠展現。

占星術陷入第一次沒落，其根本原因是羅馬帝國長期遭受戰亂，這個時期的歐洲和中亞沒有一個強有力的政權來統治，封建割據引起的戰爭，使各類人文科學發展停滯，荒蠻民族雖然占據了帝國的領土（西羅馬帝國和部分東羅馬帝國的領土），但無法理解和掌控帝國的大量科學技術（當時的占星術屬於科學，是和天文學「共體」的）、政治架構和先進文

化;羅馬人把大量精力放在法律和工程技術等事物上,只有少數人願意在這種環境下探討古希臘人們所倡導的文學、哲學,加上教會的大力發展,這一時期的占星術文化沒有得到大力支持和傳播,在專業上沒有取得較大突破,而且它的反對聲音因為基督教還增加了許多,陷入了第一次沒落。

占星術的第二次沒落主要是理性主義和科學革命的出現,從哲學的根本與科學的根本挑戰了占星術,這一說法是沒有問題的,但是挑戰一詞把兩者的矛盾性描述得有些嚴重了。其實占星術從起源至今一直都有無數人在反對,在兩次鼎盛時期,都有很多哲學家和相關社會人士提出反對意見,並找到各種理由來進行抨擊,而且從羅馬帝國開始有一些君主會迫於政治等其他因素的壓力驅趕、囚禁、殘害占星師。但需要說清楚的是,並沒有確切的歷史能夠證明這樣的法令執行力度之大或持續時間之長,就像西元 52 年,克勞狄皇帝(Claudius Gothicus)的元老院發布法令將占星學家全部驅逐出義大利,但卻沒有實際效果,因為信奉占星術的人數眾多,法令實行起來比較困難,其實只要不有過分的言論,社會對於占星術的態度一直都是支持與反對共存的。

因此,科學對於占星術本身的衝擊並沒有想像中那麼大,就像哥白尼用日心說表達出對占星術的勢不兩立後,許多人依然相信占星術,甚至有一小部分人根據日心說發展出新的占星術,占星術依然處於第二次鼎盛時期。而占星術的

第二次沒落，其實是社會發展的必然結果。社會發展不單單指的是科學的發展，而是人們本身思想的提升。占星術的第二次鼎盛是因為那時候人們缺少一些理論依據來解釋那些未知的事物，所以占星術成為不可替代品。但隨著天文學、地理學、醫藥學、生物學等科學的快速發展，人們對其接納與理解的能力越來越高，並且強調實驗科學，也就是透過實驗來證明科學結果，而此時占星術的很多理論便顯得尤為「荒謬」了。古典占星術的使用方式不再被人們所認可，因為天文學的高度發展使人們對行星都有一定的了解，一切不再那麼神祕，占星術與天文學也逐漸分離開來。天王星等行星的發現也對占星術的理論產生了一定的衝擊。研究占星術的史學家也說：（占星術）這一學科的大部分都是自然死亡的。教士和諷刺文章的作者一直把它追打進了墳墓，但是科學家卻沒有出現在它的葬禮上。

這段話對占星術的沒落原因表達得十分貼切，只是「死亡」一詞有些誇張了。占星術的沒落是自然淘汰的結果，反對者只是一路追打，並沒有造成實質性作用，而科學家們只是沒有支持占星術而已。

2.3.2 西方現代占星術何以（再）流行

20 世紀，沒有一門學科像占星術那樣在沉寂了兩個世紀後，又重新活躍了起來，並被占星家們要求納入到科學中。

300 年前，占星術同煉金術都因科學的興起而衰落，但煉金術繼續沉寂著，而占星術卻在 20 世紀以來幾乎滲透到了我們生活中的很多方面，有時還頗有影響。

讓人們感到困惑的一個問題是：一方面哲學家和科學家對占星術群起而攻之；另一方面社會上相信占星術的人數卻越來越多，尤其是對知識有著開放心態的青年人。

這裡最重要的原因，是西方現代占星術已經不再像古典占星術一樣鼓吹宿命論哲學，在經歷了科技革命和理性啟蒙的思潮後，它對自身進行了重塑，理性與靈性的雙重面孔契合了現代人特定的心理面向，這使得它一掃古典時期以來的頹勢，在現代社會多元的文化格局中獲得發展的契機。

20 世紀的科學達到了其完美的巔峰狀態，它不僅給人類帶來巨大的物質革命，同時由它建立起的信仰動搖了人們傳統的信仰。其結果是造成人們從對科學的日益信賴發展到科學無所不能。然而這種信賴在 20 世紀初被發生在歐洲的第一次世界大戰深深刺痛，這場戰爭的毀滅程度能如此之大被認為是科學的原因。這首先在西方國家裡引發了對科學的悲觀浪潮和對傳統精神的回歸渴望。正是這時，占星術突然在西方的國家復興了起來，顯然這種復興反映了人們對以物質為中心的科學的失望並認為物質科學難以替代人類的精神需求。

而現代占星術無論是從它的邏輯起點和運作模式都契合了這種社會和人們的改變。

占星術的邏輯起點是肯定人和行星之間的必然連結，在生命誕生的初始，就與整個宇宙的韻律產生交感。這種交感何以可能？占星學界主要有以下兩種詮釋途徑。

因果律的途徑

遙遠的行星如何影響人類的情緒及行為？因為在人和太陽系之間存在著維繫平衡的（某種）場，當行星的位置改變，場會產生各種變化，它足以影響人類的神經系統，從而影響人類的行為。比如，嬰兒誕生之時，新陳代謝達到峰值，正是行星的位置和角度激發了這個巔峰時刻的到來。如果因果律的構架為學界認同，占星術會進入實證科學的領域，成為某種形式的宇宙生物學，但這並非占星學界所願，因為這會讓占星術強調的靈性面向失去根基，占星術也將失去自己獨有的品格。所以，占星術一直被籠罩著一層迷霧。

共時性法則的途徑

共時性法則的簡要闡釋就是：在某個時刻誕生出來的東西或做出的行為，不可避免地一定會帶著那個時刻的特質。共時性法則不屬於因果律的範疇，它是超驗的，不言自明的。因為宇宙如果是一個完好的整體，就沒有任何東西可以導致另一個東西了。人與宇宙無條件地協同共濟，宇宙宏大且完整的秩序降臨在人類身上，占星師透過星盤得以解讀這種秩序，並告知個案如何透過這個秩序整合自身的能量。以

此把沒有原因的秩序作為占星術的邏輯起點，占星術強調了它的玄學身分及靈性面向。

無論用何種學說來闡釋占星術的邏輯起點，其目的都是為了證明人和宇宙之間存在交感，不僅在生命誕生之時，而且在整個生命週期之中。基於這種交感，占星術何以給現實生活帶來啟示？如何把人和宇宙之間的交感闡述出來，進而讓人「順天而為」？

占星術依憑象徵體系。對於某時某地誕生的某個人，占星師首先會繪製此人的出生星圖，而後對星圖進行闡釋，這種闡釋必須是完整的、成體系的、有主線的，而不是對此人破碎的、片段式的描述，這就要借助一套完整的象徵體系。

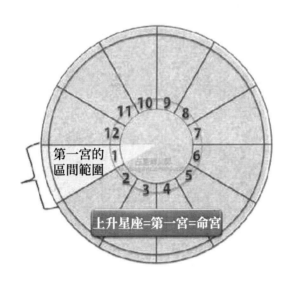

圖 2.20 上升點是東方地平線太陽升起的地方

十二星座、十顆行星（太陽、月亮加上除去地球外的八大行星，占星術承認冥王星是大行星）、十二個宮位以及在此基礎上衍生出的其他符號共同構成這個象徵體系，占星師的首要任務就是「轉碼」。例如，在某人的星圖上，太陽落在天秤座，月亮落在水瓶座，上升點（圖 2.20）在白羊座，占星師有可能會如此闡釋此人：此人是一個藝術家，有著天才的靈魂，帶著戰士的面具。太陽、月亮、星座，這些宇宙的星體，借助象徵體系，投射成為一個人生命的不同面向，太陽象徵著這個人是誰（天秤座的人有藝術家的氣質），月亮象徵著這個人的感受（水瓶座代表著智慧），或者說情緒類型，上升點代表這個人在日常生活中呈現的面貌（白羊座是鬥士）。不同的星座象徵著不同的人類形象（原型），比如，天秤座代表的原型是戀人、藝術家、調解人，這裡的戀人、藝術家、調解人不作為具體的人存在，而作為不同的性格特質存在，或者說不同的氣質類型存在。

解讀一個人的出生星盤非常重要，但不是全部，更重要的是形成宇宙與人之間的互動，從而進行趨勢性預測，或者稱為成長性預測，通常的模式是，描述某個未來時間星圖的特徵，進而分析此特徵對日常生活的影響可能會是什麼，怎樣選擇才有利於個人成長。此種預測模式和古典占星學的預測模式有很大不同，後者幾乎是在下定論或者宣判，而前者試圖抹去宿命論的痕跡，更多展現出心理諮詢的色彩。

現代人為什麼要去占星？明白了這個問題，就能讓我們明白為什麼占星術能夠「再」流行。當今消費文化構建的生活方式往往讓人心靈乾涸，物質生活、精神生活都被資本邏輯接管，密不透風。從當下的日常生活中抽離出來，拋開理性與感性的統攝，以一種靈性直觀的方式面對生命，尋求生命的秩序，正是占星術吸引城市人群的原因。

尋求與自然的連結

城市人群已經不再像遠古的祖先那樣與自然緊密共生，頭頂的星空不再意味著什麼，僅僅作為遙遠的物質存在，汙染的大氣與永不停息的通信電波充斥其間，這當然是毫無詩意的。星空下，人的生活被資本邏輯和消費文化俘獲，枯燥乏味，人和自然，是疏離的。但是，當人向星星問卜的時候，人和宇宙極其緊密地連結起來，斷裂的鏈條得以修復，除了理性和科技，人似乎找到了進入這個世界的另一個通道，這個通道似乎未經「祛魅」，人和自然天然地連結起來，頭頂的星空意義深遠，這種體驗和感受，對於城市人群來說有一種重返田園的意味。

尋求秩序

破碎與片段化，是城市人的存在方式，精力和注意力被繁多的線頭牽扯著，很難有一根線是縱深延續的。輕鬆、膚淺、感官刺激、拒絕思考，這是消費文化的特質，深陷消費

文化中的城市人群在其中消解了主體的統一有序性，以一種隨波逐流，千頭萬緒卻喪失意義的狀態生存，「……紛紛攘攘的世界，什麼都向人招手。人心最經不起撩撥，一撥就動，這一動便不敢說了，沒有個見好就收的」。在這種情形下，尋求身心整合，獲得秩序感與意義就成為重要議題。

占星術本身並不提供意義，它沒有宗教的特色，它更多的是提供方法和框架。當占星術把現代人破碎的體驗放置在自己的星盤中，以宇宙法則為框架進行體系性的梳理時，斷裂破碎的經驗像珠串一樣被串了起來，一種整合的體驗就產生了，這種體驗在日常生活中往往是稀少、缺乏的。

達成現實目的

這是占星術與世俗生活連結最緊密的層面。在這種情形下，人們去占星，是希望在世俗生活中取得成功。比如獲得財富和健康。占星術一個重要的功能是「推運」，占星師對運程的推算，可以精確到分鐘，這對那些在現實困境中不知作何選擇的人無疑有巨大的吸引力，他們希望透過占星得到問題的答案，甚至是得到一張指南性質的日程安排表。

現代生活中，人們試圖為破碎的生活體驗尋求意義，這是占星術流行的本質和動機，占星術的話語體系傾向於讓人在時間的推進中系統地認識自身，透過占星術的框架來反觀生命，提升對生命體驗的覺知程度，占星術試圖展現出嚴

謹、充滿人性關懷、具有靈性的特色，從而在當代社會的多元文化格局中獲得競爭力。一定程度上，占星術取得了成功，在流行（消費）文化層面，在嚴肅學術研究層面，占星術都進入了人們的視野，並得到關注及反思。當占星者透過占星術的話語體系確認自身和宇宙之間的玄妙的連結後，占星者的思維和行為就有一個外在的指導體系，這個指導體系──宇宙法則，似乎既客觀又成體系（「法則」一詞意味著「規律」、「原則」），加之宇宙本身的宏大深邃，宇宙法則會讓人產生信服感和依賴感（神祕感、無知的敬畏），這種感受的一個可能的負面效應就是對自由的劫奪，對思維的限定，最終還是避免不了繞回宿命的老路。

　　現代占星學家們似乎意識到了這一點，不想落下「占星術會限制人的自由」的話柄，所以強調占星術的工具性，就像一個著名占星師所說的那樣：「不需要相信占星術，它只是一把錘子，用它就好。」（多麼灑脫！他真的不願意讓你相信嗎？）強調占星術的工具性，其實質就是告訴人們占星術「好用」，並且不會產生什麼「副作用」。在當前的社會背景下，「好用」就類似一句廣告語，吸引人群去消費：不要想那麼多，不要動用你的理性，不用去審視，去用它就好了。就像一位醫生說，這種藥是好的，不用考慮它有沒有副作用，它能治病就好了。再一次，自由被劫奪，這是消費文化慣常的邏輯──不用去思考，投身進去就好了，消費就好了。

2.3.3 加強占星術認可度的三個「心理學」因素

在這個科學鼎盛、教育空前普及的時代裡，為什麼會有越來越多的人去相信這個早已被科學理性判定為迷信、非科學的東西呢？

我們這樣說吧，沒落並不意味著文化被世人所遺棄，其實每個時期占星術都在被人們不斷學習研究，都在「與時俱進」，都在迎合人們和社會的需要，只是這門工具使用方式有所不同而已。

難道它僅僅是一種心理上的娛樂？可是，它的預測不是也有成功的時候嗎？不是也能影響人們的行為嗎？實際上，心理暗示和隨機機率可以解釋那些占星術所謂的功效。下面就是我們「找到的」對占星術造成加強認可度效應的三個「心理學」因素。

人格描述產生的情境

比較那些大眾化的人格描述，來自於一定程式化的人格描述（完整的「衍生」體系、系列化的「轉碼」規則、漂亮的星盤），更易於被人接受，不管來源是心理學的、字跡學的還是占星術的。所以，心理學家認為，這種易於接受（對占星術認可）僅僅是來自於情境因素，而不是在星象解釋和個體觀察到的人格之間存在著實際的關聯。

自我歸因或自我概念

具備一定的星相學知識的人，更願意相信星相學的結果，有「趨同」的效應。自我概念會造成個體有選擇地知覺自己的行為。更何況是以神祕的宇宙體系來建立起來的自我概念呢？

人格描述的社會讚許

星相學認為奇數星座的人更外向，來自這些星座的人格描述也就更加讓人接受，所以具有奇數星座的人更相信星相學。即使是偶數星座的人，他們的性格也被描述為隱忍和圓滑的屬性，這些，在當今快節奏、表面化的社會裡也並不被看作是缺點。

總之，感覺占卜術和「玩」這個概念關係很密切。你可以不百分之百地相信，但是你可以玩，可以得到一個心理暗示。

第2章 效仿天命是人類本能的「命理思維」

第 3 章
星相學是怎樣操作的

　　我腦中有一個揮之不去的念頭─那麼高的大山，怎麼「長」起來的，而且還有高有低，落差那麼大！現在為大家介紹星相學，腦子裡也一直有一個問題：星相學的體系沒問題，宇宙、天體，足夠大且神祕，也足夠多，完全能夠滿足占星師們「輾轉騰挪」的要求。可是，憑什麼他們就說太陽代表男性、月亮代表女性？說水星代表智慧，是信使，是聯絡之神。憑什麼？就是因為在八大行星中水星的公轉速度最快？查了許多資料，研究了很久，不得不說還真是這樣。真的就是一種「賦予」，一種文化傳承。但是誰「賦予」的呢？一天神、社會習俗、民間傳說和神祕的人或事。就好像說，一句謊言大家都說，說得多了，人們也就不把它當成謊言了。當然，星相學是這樣構架了一個體系，並賦予了體系中的「節點」許多的星相學的元素，但是，也需要承認，它延續了幾千年，繼承了人類幾千年的文明和文化。道理？真相？肯定不是，但是，星相學的體系和傳承一直在那裡！

3.1 星相學中的「神」與人

想要明白星相學在現實生活中是怎樣操作的，就讓我們先來解讀一下這個「行業」的規矩和操作原則吧。

3.1.1 占星原則

這裡我們將給出占星術中「理論」的部分，都是一些原則、法則和策略之類的。如果想要明白星相學是怎樣操作的，懂得這些是必需的。

七個基本原則

七個基本原則形成了任何以成長為目的的星相學的主要架構。任何一個偏離這些原則太遠的人或者文字都很可能是星相學的過去舊習，而不是星相學的未來。

（1）占星符號都是中性的，沒有好的，也沒有壞的。占星符號代表的天體只是客觀存在，好與壞都是相對的，隨著時間空間可以轉化的。

（2）每個人應該為自己如何去展現自己的星盤而負責（要真心實意，你心裡不相信占星，那就趕快走開）。

（3）沒有一個占星師能夠僅僅透過星盤來判定一個人會如何地展現他的星盤（占星師只是「翻譯者」，轉告你天神的意志和想法，你不能要求他對占星的結果負責。高手領進門、修行靠個人）。

(4) 星盤是一個人可能達到的最快樂、最滿足、最靈性、最富有創造性的成長之路的藍圖（星盤是你的人生地圖，你必須要珍惜）。

(5) 所有對這個理想成長模式的偏離都是不穩定狀態，通常都會帶來一種無目的感、空虛以及焦慮（占星師不能保證，告訴你的結果都是對你有利的，天體在運動，你的人生也在飄零）。

(6) 星相學裡只有兩點是絕對的 —— 生命本身所擁有的不可去除的神祕性；以及每個個體對這種神祕性的獨特看法（人的命，天注定。占星師是來告訴你，人生如何趨利避害）。

(7) 當星相學跟任何一種哲學或者宗教結合得太緊密時，它就受到了損害。在星相學系統中，除了一個人的自我意識，沒有什麼是真正重要的（你必須單純，必須 100% 地相信占星師，這樣才能完美地與上帝溝通）。

這七個原則都很基本。去掉任何一個，或者扭曲任何一個都會讓整棟建築轟然倒下，淪為算命。告訴你，占星不是低俗的算命，是幫你規劃人生。七個原則的重點是下面一段，一切都歸結於此：占星是動詞，而不是名詞。（占星師會對你說）你並不是一個摩羯座，你在成為一個摩羯座。成長、改變、進化，這就是占星的核心。把宿命主義和僵化留給那些算命先生吧，我們的工作不是這些。

三個占星維度

　　三個占星維度：星座、宮位和行星。它們形成了占星術的神聖三位一體（圖 3.1）。缺少它們之中的任何一個，占星術就可能只有高度和寬度，而沒有了深度。三者中星座和宮位是一起運作的，星座是**身分**，而宮位是身分運作的**場所**。而行星則代表了**心識**的真正結構。比如，每一顆行星都代表一種心理功能：心智、情緒、自我形象、與人親近的衝動等。

圖 3.1 神學上的「三位一體」

　　占星術的三個維度告訴你：行星意味著你有哪個面向的心識（**什麼**）；星座意味著有哪些需要和策略在驅動這顆行星

（為什麼和怎樣）；而宮位則準確告知這一種（行星 —— 星座）
組合會在生活的哪些領域表現出來（哪裡）。

占星基石

占星術的基石就是地球的兩個節奏，也就是地球的兩種
物理運動 —— 自轉和公轉，它們的運動軌跡都是圓的（星相
學追求柏拉圖的完美，注重的是天體存在的意義和呈現出來
的樣貌，而不是它的實際的力學體系）。

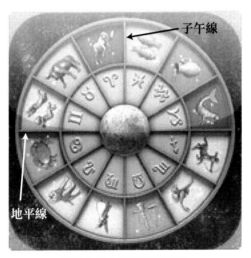

子午線

地平線

圖 3.2 星占盤基本宮位圖

第一個圓（自轉）產生了宮位，占星術為這個自然的圓
做了個「手術」，劃出了兩個「切口」。那個不可理解的天球
（整體）就被兩條線（圖 3.2）—— 「地平線」和「子午線」
分割為可理解的。

　　地平線為我們劃分了主觀性（地上）和客觀性（地下）。主觀性的表達是：光明、顯現、事實；客觀性的表達是：黑暗、隱祕、推斷。

　　子午線的分割是以太陽的上升和下落為界限的。東邊代表著可能性、新機會，需要行動、意志力和主觀決定；西邊則是結束、完結的感覺，已經完成的事情無法更改了。展現限制性，需要警覺和對環境的適應性，切忌「隨波逐流」。

　　第二個圓產生了星座的象徵，實際上，嚴格說來並不是產生星座，而是產生季節，星座只是天上的一群星星，星座的意義是指示我們太陽運行到了那裡！季節是被「兩分兩至」劃分出來的四個有限階段，它們象徵著火、土、風、水這四大元素。而在希臘時期四大元素就是物質和精神世界的基本構成（圖 3.3），就像我們的「五行」。四元素說是古希臘關於世界的物質組成的學說。主要是來自亞里斯多德的觀點：地上世界由火、土、風、水四大元素組成。其中每種元素都代表四種基本特性（乾、溼、冷、熱）中兩種特性的組合。火＝乾＋熱、土＝乾＋冷、氣＝溼＋熱、水＝溼＋冷。火燥熱向上；水潤溼向下；土（大地）堅韌不動；風隨性輪轉。

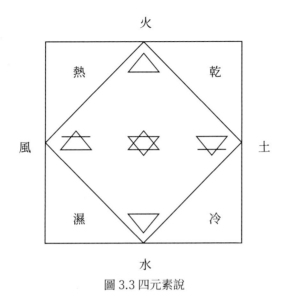

圖 3.3 四元素說

占星術裡四元素是來自古代的意象，是存在的基本狀態，代表著宇宙的四個面向：

第一個元素（火），產生於光明和黑暗的均衡點，這時（太陽）的光有更大的動能，光正在增強。天文學稱之為春分，占星術中象徵著火元素的誕生，它代表行動。就像春天一樣有那麼多向外衝的能量，太陽運行到這些宮位（白羊、獅子、射手）就會賦予你永不妥協、不可戰勝的力量。

在占星術的傳統中，土元素在火元素之後，它由黑暗的核心升起，對應冬至，也就是一年之中黑暗最長的那一天。我們會看到一種嚴酷而持久堅定的精神。所以，土元素象徵著穩固和持續，強調和我們這個「冰冷而堅硬」的世界和平

191

共處。太陽運行到這個階段（金牛、處女、摩羯）會賦予你足智多謀而腳踏實地的精神去不停地建造、完善、成形。

風元素出現在另一個光暗平衡點上。這時黑暗處於上升階段，準備吞噬光明。來到秋分，代表秋天的開始，而冬天緊跟著就要來了，所以秋天有一種對災難的預感。所有生物都感覺到黑暗就要降臨，感覺到死亡，這種恐懼提高了它們的警覺度。風元素帶給我們感知、理性、維持心智的功能，它有一種無盡的好奇、抽離以及非常清晰的感知特性。太陽運行至此（雙子、天秤、水瓶）會賦予我們一種探尋的精神驅動。

水元素在光明最強大的時候出現。天文學的夏至。夏天的時候土地很適合滋養生命，大自然彷彿是一個具有保護性的子宮。所以，水元素是滋養和保護的元素。在外，它表現為一種溫暖；在內，它表現為想像和直覺。太陽在這一階段運行（巨蟹、天蠍、雙魚）會賦予我們洞察和敏感的特質。

占星策略

行星 ── 星座 ── 宮位，對應了生命的三個維度：身分 ── 目的 ── 情境。它們是簡單的組合嗎？簡單的算術告訴我們，他們的組合只有 1,440 個，而世界上的人數是「1,440」的多少倍數呀！

那麼，怎麼辦？占星師說：直覺會幫助我們，創造性也

很重要！具體的實施要遵循下面的五個步驟：

步驟一：看行星。考慮「心識功能」，確認心識建立在了哪個部分，也就是回答行星確立的是什麼。

步驟二：看星座。是星座在驅動這顆行星。那顆行星的功能在尋求什麼？驅動之下存在著怎樣的「為什麼」？讓我們有目的感，找到變好的方向。也就是說讓占星師的解說不會漫無目的。

步驟三：想想「行星 —— 星座」的組合。星座提供給我們「資源」，行星帶給我們功能。而你擁有了這些長處和責任，能怎樣組合利用以便去得到自己的幸福。

步驟四：注意星座中「陰影」的部分（指你的星座可能帶給你的潛在不利因素），還有行星中「可能的缺陷」。要以警告的方式來提醒你的客戶，而不是預言的方式。

步驟五：看宮位。這個「行星 —— 星座」組合的事物會在哪裡發展？它們會創造出什麼樣的行為？一個人會在生活的哪個部分對這個「行星 —— 星座」組合有強烈反應，從而改善自己的境遇？而在哪裡，微弱的反應最可能造成緊張和挫敗感？宮位會對此作出回答。

占星基本指南（占星六條）

第一條：在你透徹了解太陽、月亮和上升（點、星座）之前，忽略所有其他的訊息。太陽構建個性，代表自己；月

亮代表心識的本能和維度，是自我的靈魂；上升則是太陽月亮的包裝、面具和表像。

第二條：暫時忘記那些行星的具體意義，只是去觀察它們中的大部分落在四個「半球」中的哪一個。地平線：上 —— 客觀、下 —— 主觀；子午線：東邊 —— 自由和個人選擇；西邊 —— 命運或宿命。

第三條：在理解三大巨頭（太陽、月亮、上升）以及星盤的半球側重之後，找到星盤中的焦點行星（上升星座的守護行星），注重它們在星盤中所扮演的角色。

第四條：確定月亮的南北交點（圖 3.4）對星盤上其他元素的影響。南交點告訴我們那種能力此人已經具備，北交點告訴我們他以後必須要成為什麼樣子。

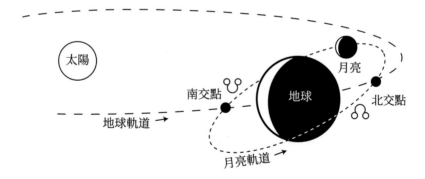

圖 3.4 月亮的南北交點

第五條：找出星盤中的基調和主題來，去發現行星和它們之間的關聯。要注意意義的叢集以及主題之間的張力。

第六條：在你對前面的五條掌握自如之後，就丟掉它們！占星（術）已經完成了它的使命，它已經幫助你看到了一系列生活問題的本質，現在要使用你自己的心和思想去找到解決問題的方法。

3.1.2 十大行星的角色扮演

我們知道了「行星 ── 星座 ── 宮位」所構成的占星框架的含義，接下來就要討論十大行星的角色扮演。這裡所說的十大行星我們在前面提到過，就是太陽、月亮再加上八大行星（沒有地球，但包含冥王星）。它們每一個都有自己獨特的個性，各自代表了人類意識的不同部分：智力、個人力量、情感連接和自我超越感。（你的）星盤的作用就是告訴你，十個部分中你的哪些被強化了，指引你怎樣才能變得更快樂。

我們這本書在幫你介紹這些指引的同時，力求搞清楚 ── 憑什麼是什麼（行星）代表了什麼（特質）！我們會分三個部分對十大行星加以討論，即**占星身分、神話來源**和**認同解讀**（也就是試圖解讀一下為什麼是這顆行星代表這個，而不是其他）。

太陽 ☉

太陽（圖 3.5），占星中最重要的角色。希臘神話裡的阿波羅神，代表男人、父親、英雄。金屬屬性是其中最有價值、最有光澤的黃金。

圖 3.5 太陽

占星身分

▸ **功能**：發出連續的、可運作的自我形象；意志力的聚焦和積極的行動能力；自我的創造。

▸ **可能的缺陷**：自私、冷漠、干涉他人、虛榮、自大、固執、蠻橫。

▸ **關鍵問題**：我是誰？哪些經驗能夠幫助我加強和認清自我形象？我能夠在哪裡找到和擴展我的個人力量？哪些無意識傾向造就了我的世界觀？

神話來源

　　對古人而言，太陽是英雄的象徵，因為他每晚都會消失不見，和自然裡的某種力量搏鬥一番，到了黎明才又英勇地返回。在希臘神話裡，太陽與宙斯（Zeus，宇宙的主宰、最大的神）最引以為榮的愛子阿波羅有關。阿波羅的誕生相當艱難，他的母親勒托（Leto）在生產阿波羅時，為了躲避宙斯善妒的妻子赫拉（Hera），不得不去一個叫得洛斯的荒島上生產。而且，赫拉阻止了助產的女神幫助她，所以孩子生得非常辛苦，據說花了九天九夜的時間，最後在他的姐姐阿提蜜絲（Artemis）的協助下才誕生在一棵棕櫚樹下。

　　阿波羅長大成人之後，外表特別英俊。但他在維持親密關係上卻不怎麼成功，這可能是因為他一開始就有些和女性相處的困難，自我人格不夠深厚，追求事物的方式比較直接，用現代的語言來說，就是 EQ（情商）不高。

月亮 ☽

　　月亮（圖 3.6），占星中代表感覺和情緒。希臘神話裡和月亮有關的都是女神：與新月或滿月連結的年輕女神阿提蜜絲、與月圓有關的（農業）成熟女神狄蜜特（Demeter）、和月虧相關的冥府女神黑卡蒂（Hecate）。月亮代表女性、母親、公眾，有家的感覺。金屬屬性是銀，雖然不像黃金一樣昂貴，但它富有光澤、延展性好，很容易做成器皿（家的感

覺），古時候都用它來製作鏡子。看上去柔和的月光讓我們去遵循內向、隨和的「女性法則」。

圖 3.6 月亮

占星身分

▶ **功能**：發展感覺和情緒反應的能力；發展主觀性、易感性和敏感性；發展我們稱之為靈魂的東西。

▶ **可能的缺陷**：情緒的自我放縱、膽怯、懶惰、軟弱無力、過於活躍的想像力、猶豫不決、情緒不穩。

▶ **關鍵問題**：哪些體驗對我的快樂最重要？當我被情緒和非理智占據時，我怎樣表達它們？哪些無意識的情緒需要在驅動我的行為？

神話來源

每個文化裡都有許多和月亮有關的神話。與月亮連結在一起的女神，通常關注的是生育、撫養孩子及耕種方面的問題。世界各地都有和月亮相關的、涉及成長和收穫的節日，比如，北半球的復活節就是定在春分後的第一個月圓之日，中秋節用來慶祝豐收等。

三位象徵月亮的希臘女神代表了不同的女性生活階段，阿提蜜絲代表少女；狄蜜特象徵的就是母親；而黑卡蒂則跟老年的女性有關。

總之，三位和月亮有關的希臘女神，關注的都是過渡（成長）時期的狀態和事情。

水星 ☿

圖 3.7 水星

旅行者和商人的保護神,符號是眾神的使者墨丘利(Mercurius)的插有雙翅的頭盔和他的神杖(圖 3.7)。占星中水星代表著「溝通」、心智、理解力和路標。金屬屬性是「汞」,也就是水銀,是在常溫下唯一可以流動的金屬。水星的英文 Mercury 在化學科目中就是「汞」的意思。

占星身分

▶ **功能**:智力;訊息的傳達、說話、教導、寫作;訊息的接收、傾聽、學習、閱讀、觀察。

▶ **可能的缺陷**:緊張、合理化、擔心、輕浮、理智主義、嘮叨、自相矛盾、活動過多。

▶ **關鍵問題**:我的智力和交流的長處是什麼?我的智力和交流的弱點是什麼?

▶ **逆行時(大行星相對地球的視運動行為)**:心智向內轉,自由地以獨立的、有想像力的、創新的方式思考;可能在表達創新思想方面有困難,無法組詞造句。

神話來源

希臘版本的水星是天神荷米斯,他是宙斯和仙女邁亞(Μαῖα)的私生子。出生的第一天他就偷走了阿波羅的一群牛(據說是為了好玩、惡作劇,所以占星裡他和青春及早期教育有關)。除去自己享用外,還分給了奧林匹斯山的 12 個山神(交際能力),而且,被告發後用他的三寸不爛之舌矢口否認,搞得父親宙斯還很高興 —— 有一個能言巧辯的兒子!

金星 ♀

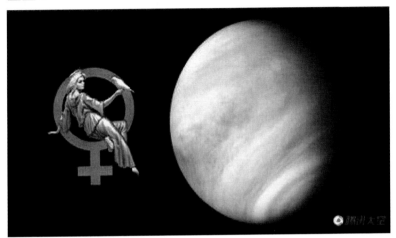

圖 3.8 金星

　愛和美的女神維納斯手中的鏡子，也代表雌性（圖
3.8）。占星中情感、藝術、嫉妒、金錢、女性的代表（大行
星中它最圓，就像女性的身體）。金屬屬性是銅，富有延展
性、有光澤，適合鑄造模塑和錢幣。

占星身分

▸ **功能**：恢復破損的敏感性；穩定情感支持網路；發展出審
美反應能力。

▸ **可能的缺陷**：懶惰、操縱、虛榮、懦弱、長期放縱與情
欲。

▸ **關鍵問題**：我如何冷靜下來？我想從伴侶那裡得到什麼？
我能夠給一段關係帶來什麼？

▸ **逆行時**：可能會造成羞澀和社交恐懼；在異性面前感覺不

自然；懷疑自己作為一個伴侶的價值，或對此沒有安全感；可能具有自由和創造性的心識。

神話來源

金星是愛神阿芙蘿黛蒂（Aphrodite），她的小夥伴就是那個拿著弓箭「亂射」的小愛神邱比特（Cupid）。阿芙蘿黛蒂管轄一切有關生物繁衍的問題。她名字前面的（Aphro）就是泡沫的意思，也暗示著精子。而「春藥」（Aphrodisiac）一詞也延伸於此。據說阿芙蘿黛蒂是從貝殼裡誕生的，而許多的海產（尤其是牡蠣）也往往被當成催情的食物。

阿芙蘿黛蒂是眾女神中最美的一個，她身邊除去邱比特外還經常跟隨著白鴿、燕子及三位美德女神 —— 阿格萊亞（Aglaea，代表光輝）、歐芙洛緒涅（Euphrosyne，代表喜悅）和塔利亞（Thalia，代表歡樂）。所以，她們走到哪裡都會帶來和平與歡樂，也將藝術、音樂、舞蹈和愛帶到人們的生活裡。

由於她太美麗了，所有天神都想和她結婚，招致了其他女神的嫉妒。宙斯就將她嫁給了跛腳的冶煉之神赫菲斯托斯（Hephaestus）。他人很醜，但是手藝精湛，也很愛他的老婆，為她打造了許多精美的首飾。他們的婚姻還算美滿，也算是一樁「互補型」的婚姻典範吧。

火星 ♂

戰神瑪爾斯（Mars）的盾牌和長矛，也代表雄性（圖3.9）。

占星身分

▸ 功能：意志的發展；勇氣的發展；學習肯定自己。
▸ 可能的缺陷：易怒、憤怒、自私、不敏感、殘忍、虐待、
誇大、好鬥。

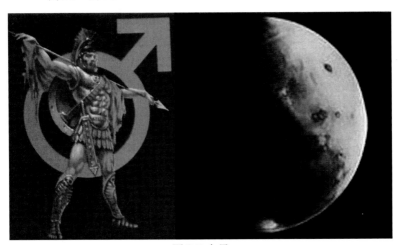

圖3.9 火星

▸ 關鍵問題：我必須面對什麼戰鬥？如果我不想進行沒有意
義的衝突和爭鬥，我必須在哪裡變得更加肯定自我？怎樣
才能磨礪我的意志？我怎樣表達自己的積極性？
▸ 逆行時：巨大的停滯不動的力量；在肯定自己和提出要求
時很猶豫；被動傾向；憤怒被控制了，但它轉向了內部。

203

神話來源

希臘神話中阿瑞斯的父親是宙斯，他的母親是善妒愛報復的赫拉。而他的老師叫普里阿普斯（Priapus），是掌管園藝的生殖之神，據說他因為有一個巨大、永久勃起的男性生殖器而聞名。在西方，他的名字是「陰莖異常勃起（Priapism）」一詞的詞源。

木星 ♃

萬神之王宙斯的閃電或他的神鷹（圖 3.10）。

圖 3.10 木星

占星身分

- ▶ 功能：保持信念；活力和信心的發展；提高興致。
- ▶ 可能的缺陷：過度擴張、過度樂觀、浮誇、虛假、拒絕接

受負面現實。

▸ **關鍵問題**：哪些體驗會使我對自己和生活更有信心？在哪些方面我可能會想當然？

▸ **逆行時**：非常深入的內在信念；可能會造成一個非常嚴肅的外表；可能會阻礙情緒的開放。

神話來源

希臘神話中的第二代眾神之王克洛諾斯（Chronos）接受了他父親烏拉諾斯的教訓（他篡位他父親），為了防止兒子們篡位，吞吃了他們。宙斯的母親蓋亞身懷他時，為了防止兒子再被吞吃，就隻身躲到了克里特島，而交出一個石頭代替嬰兒。宙斯成了唯一未被吞吃掉的孩子。他出生後，靠島上的仙女們撫養他，吃羊奶和蜂蜜長大。宙斯繼位後，把白羊升為星座，並把一隻羊角送給撫養、保護他的仙女們，因為這隻羊角能不斷地產出食物和酒，是無限資源的象徵。

土星 ♄

羅馬農神薩圖恩努斯（Saturnus）的鐮刀，他等同於希臘
神話裡的克洛諾斯（圖 3.11）。

圖 3.11 土星

占星身分

- ▸ **功能**：自制力的發展；自尊的發展；對自身天命信念的發
  展；與孤獨和解。
- ▸ **可能的缺陷**：憂鬱、憤世嫉俗、冷漠、感受遲鈍、趨炎附
  勢、單調、沒有想像力、情緒壓抑、物質主義。
- ▸ **關鍵問題**：在生活中的哪些領域我必須獨自行動？在哪些
  地方缺乏自律將很快讓我後悔？我夢想和信念的能力在哪
  些地方將受到嚴峻考驗？
- ▸ **逆行時**：深入的自我滿足；可能表明你是一個「不合群的
  人」；蘊藏有驚人的內在力量；情緒方面的自制；可能不
  太會說「不」。

神話來源

克洛諾斯閹割了他的父親並篡位。他和他的妹妹大地女神蓋亞結婚有三個女兒和三個兒子（冥王星黑帝斯（Hades）、海王星波賽頓（Poseidon）和木星宙斯）。他害怕自己的兒子像他一樣篡位就吞吃了他們（宙斯倖免），所以，他的故事所具有的占星術隱喻就是：負罪感（對父親），自尊問題（不信任和愛護子女）以及人生的責任（據說他是唯一敢面對他父親的人）。

天王星 ♅

符號是天王星發現者威廉 · 赫雪爾（Frederick William Herschel）姓氏開頭的字母 H。天王星還有一種傳統符號是太陽與火星的符號結合：現今則為意識「○」上的現實「＋」置於雙重感受「（」之中：♂（圖 3.12）。

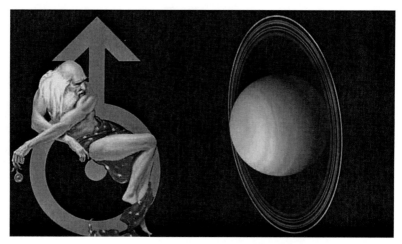

圖 3.12 天王星，第一代天神烏拉諾斯

占星身分

▸ **功能**：個性的發展；質疑權威的能力；超越文化和社會設定的程序。

▸ **可能的缺陷**：故意作對、固執、僵固、易怒、怪異、不可靠、不負責、自私、對他人的感受漠然、無法向他人學習、為了古怪而古怪。

▸ **關鍵問題**：我必須在生命的哪個部分即使得不到社會認同也樂意前進？我必須在哪裡學會打破規則，走自己的路？

我會在哪裡不斷接收最誤導人的意見？我注定會挑戰和冒犯哪些權威？

▸ 逆行時：個性可能會消散在幻想之中，而外在表現還是安全和正常的；可能代表天才—並非通常高智商意義上的天才，而是心靈不受文化「俗見」所限制的天才。

神話來源

古希臘人認為，萬物未出現之前，世界是一片空無，他們稱之為「混沌」（Chaos）。後來混沌生下了蓋亞（大地），蓋亞又生了許多小孩，其中第一個誕生出來的就是天空 —— 烏拉諾斯（Uranus，天王星），接著蓋亞又生出了高山和大海。因為天空遙不可及，所以天王星代表的是一種心理上的疏遠狀態。烏拉諾斯後來娶蓋亞為妻而開始緊緊地覆蓋住她，他們成了奧林匹斯山眾神的父母及祖父母。

海王星 ♆

海神波賽頓的三叉戟（圖 3.13）。

圖 3.13 海王星，海神波賽頓

占星身分

功能：減弱自我形象中的小我；在小我之外建立一個自我觀察點；減弱意識和潛意識之間、小我和靈魂之間的阻隔；發展出我們稱之為上帝的意識。

- ▸ 可能的缺陷：迷惑、懶惰、白日夢、迷糊、毒品和酒精依賴、缺乏現實驗證能力；迷人的幻覺。
- ▸ 關鍵問題：在哪些領域我必須降低邏輯的重要性，而強調直覺功能？在哪些領域狹隘的自我利益對我最不利，並對我產生破壞性？在哪些領域我最容易將願望和恐懼當成現實？

▸ 逆行時：心靈對外在現實的敏感度不高，很容易被主觀因素扭曲，但是相對來說比較少受邏輯的影響。

神話來源

海神波賽頓和宙斯、黑帝斯一起是天神克洛諾斯的兒子。他不僅掌管海洋，同時還掌管湖泊和河流。他的領土已經十分廣大，但他依然會去和其他的神爭奪城市和陸地，但如同海水無法長時間淹沒陸地一樣，他也經常戰敗。天宮圖裡的海王星，同樣也代表我們永不知足的饑渴傾向。

波賽頓手上拿著的三叉戟是用來捕魚的，但也經常用來製造海上風暴、指揮海上的生物、製造噴泉和地震（他是地震之神），三叉戟也代表著基督教的三位一體。

冥王星 ♇

像天王星一樣，也有兩個使用的符號。♇，是一個由 PL 兩字母組合的花押字，（這可以被解釋為代表冥王星英文 Pluto 前兩個字母或者是天文學家帕西瓦爾‧羅威爾原文姓名 Percival Lowell 各前一個字母組合）。而另一個符號則以水星符號為基礎，並把上方的圓與弧交換位置，看起來像冥王手上的雙叉戟，代表物質的十字架上頂著新月，其上懸著代表永無止境的圓圈（圖 3.14）。

圖 3.14 冥王星

占星身分

▸ **功能**：意識到一個人的天命；意識到所有狹窄追求的荒唐性；發展出分辨真理的能力。

▸ **可能的缺陷**：自大狂、誇大、暴力、說教、教條、僵硬、暴君行為、苛求權力、無意義或荒唐感、認為為了正當的目的可以不擇手段。

▸ **關鍵問題**：在我的生活中，我到哪裡去找持久的意義？在我的內在，我到哪裡去找這個世界非常需要的智慧？在什麼地方我必須小心不要有教條、肆無忌憚或者暴君的行為？

▸ **逆行時**：可能會造成一種喪失個人力量的恐懼；可能會造成是否要說出自己所看到的真相的猶豫；在擁有強大力量的同時要保持謙卑。

神話來源

天神克洛諾斯的三個兒子波賽頓和宙斯、黑帝斯。黑帝斯掌管冥界。它不但是死亡之神，也是富饒之神。因為珍貴的礦物都是埋藏在地下的。他還可以引渡亡靈而致富。

黑帝斯最具意義的一次來到地面，就是綁架了珀爾塞福涅（Persephone，宙斯和農業女神狄蜜特的女兒）。黑帝斯喜歡珀爾塞福涅，可是狄蜜特不同意。他就利用了珀爾塞福涅喜歡鮮花這一點，排好了漂亮的水仙花展現在少女的面前，當她走近鮮花時，大地突然裂開，黑帝斯架著戰車掠走了她。

3.2 「現代」星相學分類

　　「現代」星相學被占星師們認為是和心理學結合的產物。它的哲學思維就是促使人們去進行自我認識，給予人們「幫助自我成長」的知識，以期透過自我認識來認識命運，最後以智慧來改變命運。占星師絕不承認「現代」星相學只是用來和命運捉迷藏的工具，他們認為：不認識自己而要認識命運的事件，對於「現代」星相學而言是幼稚的生命觀，是拒絕成長的逃避態度。「現代」的星相學早已經脫離了宿命、命運由天注定的論調，早就和心理學、人格理論相融合，能夠最精細地描述人格心理和指點迷津了。「現代」星相學主要包含以下方面。

3.2.1 軍國（君國）星相學

　　主要是對國家、地球的重大事件進行分析、預測，包括政治、經濟、國家局勢、自然災害等涉及集體、整體的大事件。在星相學中，每一個國家都有其生辰圖。這個國家也和人一樣承受著宇宙能量，國家的政治經濟政策、國際關係等都和宇宙呼應關。尤其是國家首領人物的競選成功與否，與競選人的生辰以及國家的生辰都有密切的關係。

　　它也用於對地球上自然現象的預測和解釋，對地球人類有關的大事件的星相分析和預測。比如，2001 年股市的大

跌蕩、航空災難、恐怖分子的威脅與冥王星進入射手座的關係，2003 年的「SARS」與天王星進入雙魚座的關係等。這類星相學因為涉及的問題太大，超出了普通人所關注的個人問題，它遠不如生辰星相學那麼普及。

3.2.2 醫藥（醫學）星相學

醫藥（醫學）星相學是古代星相學「大宇宙對應小宇宙」的哲學思想在人體健康上的運用，將人的健康和生辰圖緊密相關，將生辰圖中的星座（宮位）對應人體的具體部位，也為人的健康保障和疾病防治提供建議，同時，也用於分析、診斷和治療疾病。古代星相學被廣泛地應用於醫療，在西元 400 年前，西方醫療之父希波克拉底曾經說過：「醫生沒有星相學的知識，就無權利叫自己醫生。」古人看病時，醫生首先要畫出一個人的生辰圖，以理解病人的生理部位和天體的關係。今天，星相學依然提供個人的生理週期、消化系統的訊息，選用對應於病人的生理的飲食，消除病人的敏感生理部位的壓力。星相學的原理就是把人看成宇宙的映射，個人的生理與天體相對應。當某種行星過渡的時候，星相學對於疾病的預防和治療產生一定的作用。有時候，幫助客戶理解行星的運行，就消除了他們的困惑，而達到舒緩的作用。在星相學中，每一個星座都對應人體的一個部位，同時對應一些對此有益的食品和營養。這些部位是身體的敏感部分，有

時候它是生命的財富,比如,金牛座主宰著喉嚨,通常金牛座有歌唱的天賦。不過,有時候它會意想不到的脆弱。不要僅僅用你的太陽星座來對應這些生理部位,星相醫學考慮的是你的生辰圖,你身上的所有部位,而不僅僅是太陽星座。

3.2.3 金融星相學

　　金融星相學主要是用來分析金融市場和經濟發展前景。透過對天體行星的週期的分析,預測金融的週期,對投資進行決策。同時,也研究公司的性質和公司的週期,作為公司的發展策略參考。摩根(JPMorgan Chase & Co.)的創始人就用星相學為他的投資指引,他創立了美國鋼鐵公司和太平洋鐵路公司。他有句名言:「百萬富翁不相信星相學,而億萬富翁相信它。」金融星相學也用於個人的財政收入和投資,在一生中我們都有命運的起伏,某些行星就不利於商業發展,比如說,海王星成為生辰圖中重要行星的時候,投資就如同「肉包子打狗,一去不回」。但是,這時候卻是一個人轉向精神世界發展的好時機。金融星相學也看個人生辰圖中對於「物質資源」的態度,有些人生來在某些方面有優勢,不利用就會浪費。有些人生來在某方面不利,星相學能夠幫助迴避這些無可奈何的風險。

3.2.4 占卜星相學

占卜星相學就是當你對某事件沒有確鑿的把握，而向星相學家尋找天體的答案。17 世紀在英國應用極其廣泛。甚至丟了東西的人也不去找警察，卻向星相學家占卜：「誰偷了我們的東西？在哪裡能找到？」在現代，依然有人在不能夠作出決定的時候，尋求占卜，以看天機。最常問的問題是「我是否應該結婚？」、「我能不能升遷？」、「我該不該買房？」等個人的決定。也有人用於運動賭博，「某某足球隊能夠贏嗎？」

占卜非常像中國的卜卦，由當時的卦象來判斷此事是否可行，天是否助人。星相學家根據提問的時間，繪製當時的星相圖。其原理就是相信時間是有意義的，提問的時間就是問題的答案。尋找答案就像是偵探破案，從天象中尋找蛛絲馬跡。星相學家根據那個時刻行星的位置來斷定天勢，由行星的主宰領域找出相關的暗號。當主宰問題的行星處於有利位置時候，答案是肯定的，否則就是否定的。古占卜學只關心某一具體事件，它的答案很簡單，不是「Yes」就是「No」，或者「時機不對，無法問天」。

除了行星的原理有相同之處外，它與心理星相學幾乎沒有相關之處。它不涉及任何生命的大問題，提問者也無心解答自己的心理問題，「成長、發展、情結、心靈」等話題對古占卜學家毫無意義。占星師認為，心理星相學模棱兩可、含

糊不清、玄乎其玄。而心理星相學家則對古占卜頗為尊重，都學習一些古占卜的技術，卻依然認為「自由意志」更為重要。

3.2.5 擇日星相學

顧名思義，就是根據事件的性質，選擇對事件最有利的良辰吉日。有的星相學家也被公司僱用為公司註冊的時間、會議、行程提供諮詢，有的公司簽合約的時間也要由星相學家決定。其原理和生辰星相學的原理一樣，新建的一個公司就如同一個人出生，那個時刻新建的公司承載著宇宙訊息，根據公司性質選擇對於公司發展有利的時間註冊。擇日星相學的作用也和中國的黃曆相似，被用於個人的生活中，如結婚、出行等重要日子的決定。一個婚姻也如同一個新人的出生，結婚的日子對以後婚姻的影響也頗為重要。

3.2.6 擇地點星相學

還有一門星相學是說地點的選擇對於人也有影響。它的原理是在人出生的時候，行星在地球上升起和降落的位置也已定，有的地方適合人的發展，有的地方給人的生活帶來麻煩。同是一塊地盤，適合他的，不一定適合你。有的地點對事業有幫助，有的地方走桃花運，有的地方事故不斷。運用此技術，就把一個人的生辰圖上行星的升起和降落都落實到

具體的地點。當一個人在某地感到事事不順，身體不適，人
際關係不暢，情感憂鬱的時候，就要考慮換個地方。

3.3 「分野」的思維─中國的郡國占星術

中國的先祖們對於日月星辰與人間對應的人事有根深蒂固牢不可分的信仰，但卻都以國家大事為記錄方向。例如，國家社稷的興亡、帝王將相、天候收成、災難預測等。所以占星只有類似西方的君國占星術一類比較重要。

占星活動的思想淵源可以追溯到原始的宗教崇拜。隨著原始部落的統一及至階級出現，原始宗教對自然神的崇拜逐漸由崇拜天地眾神變為崇拜單一的「至高無上」的神，殷商時代叫「帝」（上帝），周朝稱為天（天命）。它被賦予社會屬性和人格化，成為宇宙萬物的主宰。

《易經‧象傳》說：「觀乎天文，以察時變；觀乎人文，以化成天下。」為了猜測天的意志，以規範人們的思想行動，於是便出現了占星術。

關於天體和物質的產生，古人主要持三種說法：物精說、水生說和日生說。而以物精之說居統治地位。物精說認為：天上星體乃萬物之精華所升化而成。《管子‧內業篇》說：「凡物之精，比則為生，下生五穀，上為列星。」張衡在《靈憲》中說得更具體：「星也者，體生於地，精成於天。」就是說天上的星象根源於人間事物，地上有什麼人和事，天上便相應有什麼星，天上星象跟地上人事一一相應。

3.3.1 「分野」是「天兆地應」

　　古代是把天象的變化和人事的吉凶連結在一起。如日食是老天對當政者的警告，彗星的出現象徵著兵災。歲星（木星）正常運行到某某星宿，則地上與之相配的州國就會五穀豐登，而熒惑（火星）運行到某一星宿，這個地區就會有災禍等。古人還認為，一些天象的變化還是水旱、饑饉、疾疫、盜賊等自然、社會現象的預兆。

　　「分野」理論出現頗早，《周禮·春官宗伯》所載職官有保章氏，其職掌為：「掌天星以志星辰日月之變動，以觀天下之遷，辨其吉凶。以星土辨九州之地，所封封域，皆有分星，以觀妖祥。以十有二歲之相觀天下之妖祥。」、「分野」大致來說有以下幾種方法：

(1) **干支說**：把地域的劃分與干、支與月令相對應，包括十干分野、十二支分野和十二月令分野三種模式。

(2) **星土說**：把地域的劃分與星辰相對應，包括五星分野、北分野、十二次（記）分野、二十八宿分野等四種模式。

(3) **九宮（州）說**：把地域的劃分與九宮相對應，就是屬於九宮（圖3.15）分野方式。《尚書》中有一篇〈禹貢〉，記述了大禹劃分九州的傳說。九州是冀、兗、青、徐、揚、荊、豫、梁、雍，九州是中國最早的行政區劃，中國就稱為九州。大禹劃分九州，所以中國也稱禹域。

圖 3.15 禹貢九州圖

　　這三種學說皆被歷代術士用來堪輿、占卜、占星或是論命所用。

　　星體的命名和星區體系的構建經歷了一個漫長的歷史過程。早期星體的命名直接反映了農牧社會的生產和生活情況，並與古文字的象形有關。如牛郎、織女、箕（簸箕）、斗（盛酒器具）、奎（大豬）、婁（牧養牛馬之苑）、畢（獵具，帶網的叉子）、張（逮鳥之網）等；有的命名則出於古人的想像和傳說，如東方蒼龍的角（龍角）、亢（龍頸）、氐（龍足）、房（龍腹）、心（龍心）、尾（龍尾）等星宿，各以龍之一體命名，組合起來，東首西尾，如龍之騰躍於空。黃道二十八宿對恆星分區體系的命名基本反映這一時期的特徵。自春秋以後，星名中逐漸採用帝、太子、后妃（勾陳）、上將、次相等

帝王將相名稱，並出現了離宮、大理、天牢、天廩、華蓋等國家機構，用建築、莊園、器用等星名。「星座有尊卑，若人之官曹列位。」星體命名被打上了階級烙印。同時對原來星名在繼承的基礎上部分進行了調整改造並加以系統化。如房宿以其星體明亮便於作中星觀象授時而受到重視，星象家附會其說。《春秋說題辭》稱：「房心為明堂，天王布政之宮。」又如南北兩斗座，在《詩經》中以其形狀被稱為盛酒之具；由於北斗七星位於北天極中央天區，靠近帝座，故以其斗柄機運旋轉和授時功能被附會為天帝乘坐的車子。《史記‧天官書》說：「斗為帝車，運於中央，臨制四鄉（向）。分陰陽，建四時，均五行，移節度，定儲紀，皆系於斗。」在天人神學思想指導下，北以「七政之樞機，陰陽之元本」而象徵權威被帶上神祕色彩，其在天的地位大大提高了。

相比之下，中國的天界則突出以北極帝星為中心，以三垣二十八宿為主幹，構建成一個組織嚴密、體系完整、等級森嚴、居高臨下、呼應四方的空中人倫社會，並成為星象占驗的藍本或主要依據。

三垣指紫薇垣、太薇垣及天市垣。

紫薇垣為三垣的中垣，位於北天中央位置，故稱中宮，以北極為中樞。有十五星構成垣牆，分為左垣與右垣兩列。紫薇垣之內是天帝居住的地方，是皇帝內院，除了皇帝之外，皇后、太子、宮女都在此居住。

太薇垣為三垣的上垣，又名天庭，是政府的意思，也是貴族及大臣們居住的地方。

天市垣為三垣的下垣，是天上的市集，是平民百姓居住的地方。

星宿分野最早見於《左傳》、《國語》等書，其所反映的分野大致以十二星次為準。戰國以後也有以二十八宿來劃分分野的，在西漢之後逐漸協調互通。具體說就是把某星宿當作某封國的分野，某星宿當作某州的分野，或反過來把某國當作某星宿的分野，某州當作某星宿的分野。

下面介紹十二星次。

(1) **星紀**（紀者言其統紀萬物，十二月之門，萬物之所終始，故日星紀）：對應斗、牛、女三宿，按列國時的分野是**吳越**。

(2) **玄枵**（玄者黑，北方之色，枵者耗也，十一月之時陽氣在下，陰氣在上，萬物幽死，未有生者，天地空虛，故日玄枵）：對應女、虛、危三宿，按列國時的分野是**齊**。

(3) **諏訾**（十月之時，陰氣始盛，陽氣伏藏，萬物失藏養育之氣，故哀愁而悲嘆，故日諏訾）：對應危、室、壁、奎四宿，按列國時的分野是**衛**。

(4) **降婁**（陰生於午，與陽俱行，至八月陽遂下，九月陽微，剝卦用事，陽將剝盡，萬物柘落，捲縮而死，故日降婁）：對應奎、婁、胃三宿，按列國時的分野是**魯**。

(5) **大梁**（八月之時白露始降，萬物於是堅成而強，故日大梁）：對應胃、昴、畢三宿，按列國時的分野是**趙**。

(6) **實沈**（七月之時，萬物極茂，陰氣沉重，降實萬物，故日實沈）：對應觜、參、井三宿，按列國時的分野是**晉**。

(7) **鶉首**（南方七宿，其形象鳥，以井為冠，以柳為口。故日鶉首）：對應井、鬼、柳三宿，按列國時的分野是**秦**。

(8) **鶉火**（南方為火，言五月之時，陽氣始盛，火星昏中，在七星、朱鳥之處，故日鶉火）：對應柳、星、張三宿，按列國時的分野是**周**。

(9) **鶉尾**（南方七宿，以軫為尾，故日鶉尾）：對應張、翼、軫三宿，按列國時的分野是**楚**。

(10) **壽星**（三月，春氣布養萬物，各盡天性，不罹天矢，故日壽星）：對應軫、角、亢、氐四宿，按列國時的分野是**鄭**。

(11) **大火**（心星在卯，火出木心，故日大火）：對應氐、房、心、尾四宿，按列國時的分野是**宋**。

(12) **析木**（尾東方，木宿之末，鬥北方，水宿之初。次在其間，隔別水木，故日折木）：對應尾、箕、斗三宿，按列國時的分野是**燕**。

　　二十八宿的名稱完整地出現於先秦文獻《呂氏春秋》、《逸周書》、《禮記》、《淮南子》和《史記》中，《周禮》也提到了「二十八星」。文獻學考證的結果，二十八宿的形成年代是在戰國中期（西元前 4 世紀）。

3.3.2 宿命天象

《三國演義》第一百三十四回：諸葛亮病重，夜觀天象，慨然長嘆：「吾命在旦夕矣！」姜維問其故，諸葛亮道：「吾見三臺星中，客星倍明，主星幽隱，相輔列曜，其光昏暗。天象如此，吾命可知。」

諸葛亮以及歷代的占星師們是怎麼透過天象而知曉「人間禍福」的呢？還是和西方占星術一樣，架構和賦予。架構就是十二星次和二十八星宿，下面介紹賦予。

中國古代的甲骨文中已有了關於木星的記載，戰國時期就有了五星的說法，最初分別叫辰星、太白、熒惑、歲星、鎮星，這也是古代對這五顆星的通常稱法。把這五顆星叫金木水火土，是把地上的五原素配上天上的五顆行星而產生的。

古人用二十八星宿來作為量度日月五星（統稱「七曜」）位置和運動的標誌，因此古書上所說的「月離於畢」（即月亮依附於畢宿），「熒惑守心」（即火星居心宿），「太白食昴」（即金星遮蔽住昴宿）等關於天象的話就不難理解了。

五行及五行生剋說

「五行」者，金、木、水、火、土也。古人認為，五行是構成宇宙萬物的五大基本要素。《國語》有云：「故先王以土、金、木、水、火相雜，以成百物。」

五行的基本規律是相生與相剋（圖 3.16）。所謂「相

生」，是金生水、水生木、木生火、火生土、土生金；每一生都有「生我」和「我生」的相向關聯。所謂「相剋」，是金剋木、木剋土、土剋水、水剋火、火剋金；每一剋均有「我剋」和「剋我」的相向關聯。生中有剋，剋中有生，相反相成，運行不息。

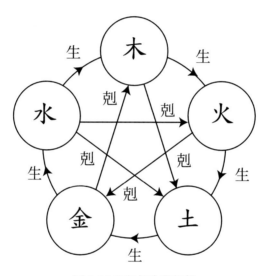

圖 3.16 五行相生與相剋

　　占星師根據五星的屬性，進一步引申出各星所司之事物：木星以「十二歲而周天」，歲行一次而主年歲；火以炎上而司火旱；土愛稼穡而司五穀；金以兵革而司甲兵死喪；水以潤下而司大水。水星運行正常，表明陰陽調和，風調雨順，故有「辰星兆豐年」之占驗；辰星如果「出失其時，寒暑失節」，就要「邦當大饑」。五星的顏色隨四季相應變化，就是吉，顏

色異常就是凶。又根據五星的屬性及相生相勝的關係，占驗為「熒惑與辰星遇，水、火（也，命日，不可用兵）舉事大敗」。「木與土合為內亂，饑；與水合為變謀，更事（政變）；與火合為旱；與金合為白衣會也。」（白衣指喪服，木金二星會合，星占謂喪凶之兆）五星的相互位置，三星、四星和五星的交會，都徵兆著勝負、吉凶、禍福。如漢高祖元年（西元前 206 年）出現「五星連珠」天象，即在清晨日出之前五大行星同時出現聚集於井宿，歲（木）星和土星位居中央，被附會為「祥瑞吉兆」。石氏《星經》稱：「歲星所在，五星皆從而聚於一舍，其下之國可以義致天下。」為了附會「君權神授」之說，占星家便將其與十個月前劉邦駐軍霸上之事牽強連結在一起。《漢書·天文志》說：「漢元年十月，五星聚於東井，以曆推之，從歲星也。此高皇帝受命之符也。」

《晏子春秋》卷一載：熒惑停留在二十八宿北宮虛宿，齊景公甚感驚異，召問於晏子稱：熒惑兆征天罰，現在長此停留虛宿，應該主罰誰呢？晏子說主罰齊國，因虛宿對應屬於齊國的分野！後來景公聽從了晏子關於施行仁政王道的進諫，推行了三個月德政，熒惑遂離開了虛宿。其實這一記載並不符合天象實際，因為火星不可能會在虛宿停留達一年零三個月之久！晏子不過是假天變以示儆戒罷了。

五緯與七曜

古人把實際觀測到的金、木、水、火、土五個行星合起來稱作五緯。緯為織物的橫線。這五顆行星在天空上，像緯線一樣由東向西穿梭行進，故稱作五緯。亦稱作五曜。古人又把日月同五星合起來，稱為日月五星，謂之七政。《尚書·堯典》中記載「在璇璣玉衡，以齊七政」。宋蔡沈傳：「七政，日月五星也。七者，運行於天，有遲有速，猶人之有政事也。」日月五星又稱作七緯。這是古人有意把日月也當成了行星，稱作七曜。

然而，古代的天文占星，因為受限於統治者的禁錮而通常多用於國家大事、農事豐歉、戰爭、朝廷等重要事件。不過，從歷代天文占星家的文獻裡，可知被賦予星相學意義的天像極多。按天象的具體內容可分為七大類。

太陽

日食，「蝕列宿占」（太陽運行至二十八宿中不同宿時而發生日食，其意義各不相同）和日面狀況（包括光明、變色、無光、有雜雲氣、生齒牙、刺、暈、冠、珥、戴、抱、背、璚、直、交、提、格、承以及若干種實際不可能發生的想像或幻象共約五十種）等。

月亮

月食本身，「蝕列宿占」（與日食相仿）「月食五星」（不是指月掩行星，而是指月與五大行星中某星處於同一宿時而發生月食，依行星之不同，其星占學意義亦各異）；月運動狀況（運行速度及黃緯變化）；月面狀況（包括光明、變色、無光、有雜雲氣、生齒牙爪足、角、芒、刺、暈、冠、珥、戴、背、璚、晝見、當盈不盈、當朔不朔以及想像或幻象共數十種）；月犯列宿（月球接近或掩食二十八宿之不同宿，其意義不同）；月犯中外星官（月球接近或掩食二十八宿之外的星官，也各有不同意義）；月暈列宿及中外星官（與上兩則相仿，但同時月又生暈，則意義又各不同）。

行星類

各行星之亮度、顏色、大小、形狀；行星經過或接近星宿星官；行星自身運行狀況（順、留、逆、伏及黃緯變化等）；諸行星之相互位置。

恆星類

恆星本身所呈亮度及顏色；客星出現（新星或超新星爆發，有時亦將其他天象誤認為客星）。

彗流隕類

彗星顏色及形狀；彗星接近日、月、星宿星官；數彗俱出；流星；隕星等。

瑞星妖星類

瑞星（共六種，無法準確斷定為何種天象）；妖星（有八十餘種之多，亦很難準確斷定為何種天象）。

大氣現象類

雲、氣（頗為玄虛，有許多為大氣光象）、虹、風、雷、霧、霾、霜、霄、雹、霰、露。

四象與二十八宿的關係

東宮「蒼龍」七星宿：角亢氐房心尾箕；
南宮「朱雀」七星宿：井鬼柳星張翼軫；
西宮「白虎」七星宿：奎婁胃昴畢觜參；
北宮「玄武」七星宿：鬥牛女虛危室壁。

二十八宿，個個都有一段精彩的故事，比如考生最喜歡的奎宿，被附會成「魁」字，形如其字，被描繪成一個赤髮藍面的厲鬼立於鰲頭之上，一腳高高蹺起，一手捧頭，一手用筆點上中試者的名字，所謂「魁星點斗，獨占鰲頭」便是由此而來。

　　實際上，歷代的占論之法，各憑妙用，並無一定之規，唯一必須遵行的一點是：所作推論應能在星占學理論中找到依據。

　　也有歷代思想家指出，古代聖人動輒言天，不過是借人們對自然現象矇昧而畏懼的心理，以誡化無道的國君和嚇唬無知的百姓而已。而且，最早的天文官員都是由巫、祝、星、卜之類的宗教職業者擔任。

　　正如《中庸》所說 ——

　　　唯天下至誠，為能盡其性。
　　　能盡其性，則能盡人之性。
　　　能盡人之性，則能盡物之性。
　　　能盡物之性，則可以贊天地之化育。
　　　可以贊天地之化育，則可以與天地參！

3.3 「分野」的思維—中國的郡國占星術

電子書購買

國家圖書館出版品預行編目資料

天與人的對話，科學源自哲學：金字塔、占星
術、二十四節氣……天文學與哲學的交織，構
建出令人嘆為觀止的古代高科技 / 姚建明編著 .
-- 第一版 . -- 臺北市：崧燁文化事業有限公司，
2022.09
　面；　公分
POD 版
ISBN 978-626-332-651-4(平裝)
1.CST: 天文學 2.CST: 占星術
320　　　111012379

天與人的對話，科學源自哲學：金字塔、占星術、二十四節氣……天文學與哲學的交織，構建出令人嘆為觀止的古代高科技

臉書

編　　著：姚建明
發 行 人：黃振庭
出 版 者：崧燁文化事業有限公司
發 行 者：崧燁文化事業有限公司
E - m a i l：sonbookservice@gmail.com
粉 絲 頁：https://www.facebook.com/sonbookss/
網　　址：https://sonbook.net/
地　　址：台北市中正區重慶南路一段六十一號八樓 815 室
Rm. 815, 8F., No.61, Sec. 1, Chongqing S. Rd., Zhongzheng Dist., Taipei City 100,
Taiwan
電　　話：(02) 2370-3310　　傳　　真：(02) 2388-1990
印　　刷：京峯彩色印刷有限公司（京峰數位）
律師顧問：廣華律師事務所 張珮琦律師

定　　價：320 元
發行日期：2022 年 09 月第一版
◎本書以 POD 印製